Sicheres Bedienen von fahrbaren Hubarbeitsbühnen

Ein Leitfaden für Bediener und Verantwortliche

von

Dipl.-Ing. (FH) Armin Deuchert

Dipl.-Ing. (FH) Markus Tischendorf

mit 116 Bildern, Tabellen und Zeichnungen

RESCH

Impressum:
3. Auflage 2023

Maria-Eich-Straße 77, D-82166 Gräfelfing
Umschlagzeichnung und Illustrationen auf den Seiten 3, 12, 15, 18 und 50 (Abb. 8.12): Eckert-Design, München
Abbildungen auf den Seiten 5, 10, 15, 16, 20 und 43: Resch-Verlag
Bildnachweis: s. Seite 88
Druck und Bindung: Max Siemen KG, D-22143 Hamburg

Printed in Germany
ISBN 978-3-935197-71-7

Liebe Leserin, lieber Leser,

um Höhenarbeiten sicher durchzuführen, werden fahrbare Hubarbeitsbühnen in großem Umfang eingesetzt. So vielfältig wie die Geräte und Einsatzmöglichkeiten sind, so vielfältig sind auch die Unfallgefahren. Gutes Fachwissen der Bediener ist daher unerlässlich!

> *„Jede Hubarbeitsbühne ist anders. Daher ist eine gerätespezifische Aus- und Fortbildung der Bediener unverzichtbar!“*
>
> *(Armin Deuchert, Markus Tischendorf)*

Diese Broschüre wurde unter Berücksichtigung des Grundsatzes „Ausbildung und Beauftragung der Bediener von Hubarbeitsbühnen“ (DGUV Grundsatz 308-008) erarbeitet. Weitere Rechtsnormen wurden berücksichtigt, ohne jedoch den Praxisbezug zu vernachlässigen. Diese Broschüre setzt ferner keine besonderen Kenntnisse voraus, ist zum Selbststudium deshalb genauso geeignet wie zu Ausbildungszwecken und für wiederkehrende Unterweisungen im Betrieb. Neben technischen und organisatorischen Schutzmaßnahmen wird besonders auf das sicherheitsgerechte Verhalten der Beschäftigten hingewirkt. Es ist unverzichtbar, schließlich ereignen sich etwa drei von vier meldepflichtigen Arbeitsunfällen durch menschliches Fehlverhalten.

Aus Gründen der besseren Lesbarkeit wird in der Broschüre die männliche Sprachform (z.B. Bediener, Arbeitgeber) verwendet. Alle personengebundenen Bezeichnungen gelten gleichwohl für jedes Geschlecht.

Abschließend wünschen wir Ihnen viel Freude beim Lesen der Broschüre und unfallfreies Arbeiten mit Ihrer Hubarbeitsbühne.

– Die Autoren –

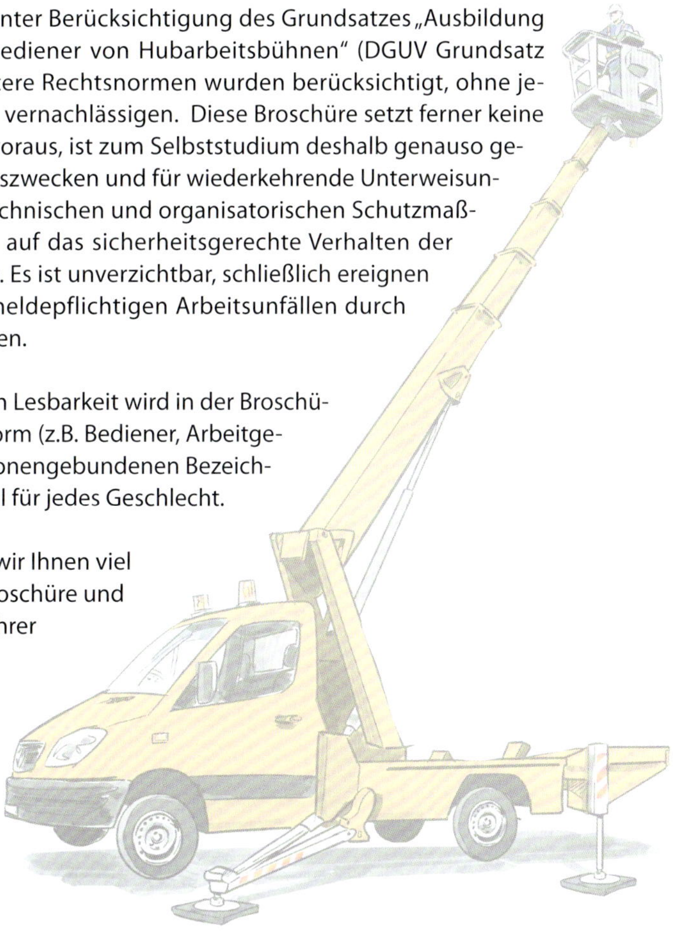

Inhaltsverzeichnis

1. Einleitung

Die Verfügbarkeit, der Bedienkomfort und das Sicherheitsniveau von fahrbaren Hubarbeitsbühnen (nachfolgend nur Hubarbeitsbühnen genannt) sind bereits heute bemerkenswert und werden sich voraussichtlich durch den technischen Fortschritt auch zukünftig weiter verbessern.

Der Markt (Hersteller, Vermieter) bietet eine große Vielfalt von Hubarbeitsbühnen an. Jede Maschine hat ihre Besonderheiten und wurde für bestimmte Arbeitseinsätze konzipiert und gebaut. Bereits die richtige Auswahl einer Hubarbeitsbühne gilt als eine der Grundvoraussetzungen für ein gefahrloses Arbeiten.

1.1 Hoch gelegene Arbeitsplätze

Zu hoch gelegenen Arbeitsplätzen gehören u. a. Tätigkeiten mit Leitern, Gerüsten, Personenaufnahmemitteln an Kranen sowie an Gabelstaplern angebrachte Arbeitskörbe. Etwa ein Drittel aller tödlichen Arbeitsunfälle ereignet sich durch Absturz von hoch gelegenen Arbeitsplätzen. Das Risiko steigt erheblich an, wenn es sich um kurzzeitige Arbeiten mit Leitern handelt. Am gesamten Unfallgeschehen durch Absturz haben alleine die Leitern einen Anteil von etwa 40 Prozent.

Hoch gelegene Arbeitsplätze werden im betrieblichen Alltag immer vor-

Abb. 1.1: Achtung, Absturzgefahr!

kommen. Allerdings können sie durch vorausschauende Planung sicherer gestaltet werden. Hierbei gewinnt der Einsatz von Hubarbeitsbühnen zunehmend an Bedeutung. Im Vergleich zu anderen technischen Arbeitsmitteln lässt sich mit Hubarbeitsbühnen Zeit und Geld einsparen und gleichzeitig das Absturzrisiko erheblich minimieren.

Abb. 1.2: Einsatz einer Hubarbeitsbühne bei der Brückeninspektion

1.2 Einsatzmöglichkeiten

Wurden in der Vergangenheit für geringfügige Arbeiten z. B. aufwendige Gerüste aufgestellt, so kommen heute verstärkt Hubarbeitsbühnen zum Einsatz. Aufgrund der vielfältigen Bauformen werden sie heute u. a. in folgenden Bereichen erfolgreich und effektiv eingesetzt:

- Dach- und Zimmereiarbeiten
- Stahl-, Metall- und Hallenbau
- Montage von Fertigbauteilen
- Gebäudeinstandhaltung, Fassadenarbeiten
- Revisions- und Prüfungsarbeiten in der Industrie
- Montage von Heizungs-, Klima-, Elektro- und Brandmeldeanlagen
- Montage von Photovoltaikanlagen
- Revisionen an Windkraftanlagen
- Arbeiten auf Schiffswerften
- Baumschnitt- und Baumpflegearbeiten
- Eisenbahnarbeiten, Fahrleitungsbau und Verkehrsschildermontage
- Straßen- und Gebäudedekoration, Montage von Lichtwerbeobjekten
- Tätigkeiten im Bereich der Theater- und Veranstaltungstechnik
- Brücken- und Gebäudeinspektionen

1.3 Aufbau

Hubarbeitsbühnen bestehen aus einer Arbeitsbühne (Korb, Plattform) mit Steuereinrichtung, einer Hubeinrichtung, einem Fahrwerk sowie gegebenenfalls aus einer Abstützeinrichtung zur standsicheren Aufstellung der Maschine.

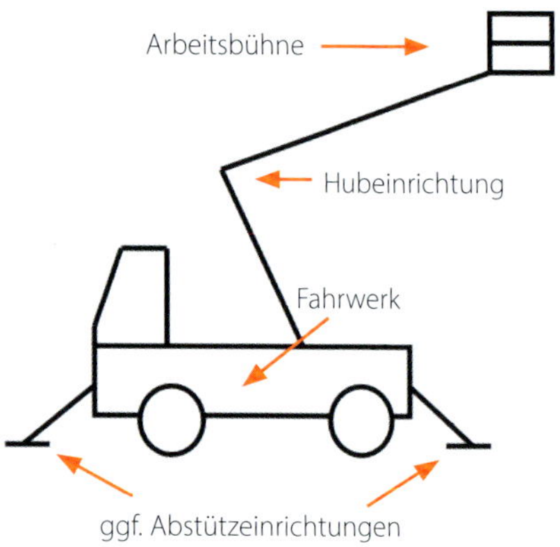

Abb. 1.3: Prinzipieller Aufbau einer Hubarbeitsbühne

2. Vorschriftenwesen

Das Arbeitsschutzrecht in Deutschland wird durch die europäische Gesetzgebung entscheidend beeinflusst. Das führt dazu, dass der Laie aufgrund der Vielzahl der Vorschriften und Regelwerke schnell den Überblick verliert. Aus diesem Grund werden im vorliegenden Kapitel nur die wichtigsten Sicherheitsvorschriften behandelt.

2.1 Arbeitssicherheit und Gesundheitsschutz in Europa

Auf Grundlage des Artikels 137 des EG-Vertrages sind in europäischen Richtlinien Mindestanforderungen für die Sicherheit und den Gesundheitsschutz in Europa festgelegt worden. Daraufhin sind in Deutschland wichtige Arbeitsschutzbestimmungen wie z. B. das Arbeitsschutzgesetz (ArbSchG) und die Betriebssicherheitsverordnung (BetrSichV) erlassen worden. Diese sind für alle Betreiber und Bediener von Hubarbeitsbühnen verbindlich.

Merke: Europäische Rahmenrichtlinien verfolgen das Ziel, die Sicherheit und den Gesundheitsschutz der Beschäftigten zu verbessern.

2.2 Europäisches Maschinenrecht

Nach Artikel 95 des EG-Vertrages wurde die europäische Maschinenrichtlinie erlassen, welche grundsätzliche Sicherheitsanforderungen für den Bau von Maschinen und Sicherheitsbauteilen enthält. Für den Hersteller einer

Hubarbeitsbühne sind diese Sicherheitsanforderungen verbindlich. Zur konkreten Umsetzung der Maschinenrichtlinie existieren europäische Normen. Hierzu gehört auch die DIN EN 280 „Fahrbare Hubarbeitsbühnen – Berechnung, Standsicherheit, Bau, Sicherheit, Prüfung".

Wenn der Hersteller alle technischen Vorgaben einhält, eine Betriebsanleitung in der Sprache des Betreiberlandes und eine Konformitätserklärung erstellt hat, darf er die Maschine mit einem CE-Zeichen versehen. Damit sind das CE-Zeichen und die Konformitätserklärung des Herstellers ein Indiz dafür, dass die Maschine den gültigen technischen Anforderungen entspricht.

Abb. 2.1: Anforderungen an den Hersteller einer Hubarbeitsbühne nach dem europäischen Maschinenrecht

Anmerkung: Für Hubarbeitsbühnen gelten besondere Konformitätsbestimmungen (Baumusterprüfung oder gleichwertiges Verfahren).

Merke: Durch die Maschinenrichtlinie wird der freie Warenverkehr innerhalb von Europa gewährleistet, da alle Maschinen das gleiche Sicherheitsniveau erfüllen müssen.

2.3 Ausgewählte Rechtsnormen

Neben den bisher genannten europäischen und staatlichen Rechtsnormen haben die gesetzlichen Unfallversicherungsträger (Berufsgenossenschaften und Unfallkassen) ebenfalls Vorschriften und Regelwerke erlassen, die den sicheren Umgang mit Hubarbeitsbühnen gewährleisten sollen. Dies sind insbesondere die Unfallverhütungsvorschrift „Grundsätze der Prävention" (DGUV V 1), die Regel „Betreiben von Arbeitsmitteln" (DGUV R 100-500, Kapitel 2.10), die Informationsschrift „Sicherer Umgang mit fahrbaren Hubarbeitsbühnen" (DGUV I 208-019) sowie der Grundsatz „Ausbildung und Beauftragung der Bediener von Hubarbeitsbühnen" (DGUV G 308-008). Nicht alle Rechtsnormen der Unfallversicherungsträger sind rechtsverbindlich, gelten aber als „Regeln der Technik" und werden erfahrungsgemäß im Schadensfall als Beurteilungsgrundlage herangezogen. Auf weitere Rechtsnormen wird an geeigneter Stelle näher eingegangen. Außerdem wird auf das umfangreiche Rechtsquellenverzeichnis am Ende dieser Broschüre verwiesen.

> **Merke:** Beim Umgang mit Hubarbeitsbühnen sind staatliche Rechtsnormen und die Regelwerke der Unfallversicherungsträger zu beachten.

2.4 Arbeitssicherheit und Gesundheitsschutz

Sicherheit und Gesundheit bei der Arbeit sind geprägt durch das Zusammenspiel vieler verschiedener Akteure. Hierzu gehören der Unternehmer, die Fach- und Führungskräfte, die Bediener von Maschinen sowie die Fachkraft für Arbeitssicherheit, der Betriebsarzt, der Betriebsrat und der Sicherheitsbeauftragte. Nur wenn jeder seiner eigenen Verantwortung gerecht wird, kann der unfallfreie Einsatz von Hubarbeitsbühnen erreicht werden. Da die betrieblichen Einsatzbedingungen stark variieren, hat der Unternehmer für seinen eigenen Betrieb individuelle Schutzmaßnahmen zu ergreifen. Hierzu gehören z. B. die Erarbeitung der Gefährdungsbeurteilung und die Erstellung von Betriebsanweisungen. Eine Muster-Betriebsanweisung für das Bedienen von Hubarbeitsbühnen zeigt die Abbildung 2.2.

Betriebsanweisung
Bedienen von Hubarbeitsbühnen
Gefahren für Mensch und Umwelt
Schutzmaßnahmen und Verhaltensregeln
Verhalten bei Störungen und Sicherheitsmängeln
Verhalten bei Unfällen – Erste Hilfe (Notruf 112)
Instandhaltung und Entsorgung
Folgen bei Nichtbeachtung

Abb. 2.2: Betriebsanweisung für das Bedienen von Hubarbeitsbühnen, Resch-Verlag

2.5 Gefährdungen und Gefährdungsbeurteilung

Nach dem Arbeitsschutzgesetz, der Betriebssicherheitsverordnung und der UVV „Grundsätze der Prävention" (DGUV V 1) hat der Unternehmer eine Gefährdungsbeurteilung durchzuführen. Die Gefährdungsfaktoren, die er dabei zu berücksichtigen hat, beinhalten beispielsweise Risiken durch mechanische, elektrische, thermische, chemische und psychische Einwirkungen sowie Risiken durch Absturzgefahren und durch eine mangelhafte Arbeitsorganisation. Diese Aufzählung ist nicht vollständig und zeigt lediglich exemplarisch, wie umfassend der Begriff der Gefährdungsbeurteilung ist. Folgendes Vorgehen hat sich beim Erstellen der Gefährdungsbeurteilung bewährt:

→ **1.** Gefährdungen erkennen,

→ **2.** Gefährdungen bewerten,

→ **3.** Schutzmaßnahmen festlegen,

- **4.** Schutzmaßnahmen umsetzen,
- **5.** Wirksamkeit kontrollieren,
- **6.** Ergebnisse dokumentieren.

Mit der Gefährdungsbeurteilung soll mit individuellen Arbeitsschutzlösungen ein hoher Sicherheitsstandard erreicht werden. Da sich die betrieblichen Verhältnisse in der Regel fortlaufend ändern, ist die Beurteilung in angemessenen Zeitabständen zu aktualisieren. Die Unfallversicherungsträger bieten geeignete Handlungshilfen zur Erstellung der Gefährdungsbeurteilung an.

Merke: Die Gefährdungsbeurteilung beschreibt konkrete Risiken am Arbeitsplatz und zeigt geeignete Schutzmaßnahmen auf.

3. Unfallgeschehen

Hubarbeitsbühnen sind grundsätzlich sichere Maschinen. Durch mangelhafte Wartung, fehlerhafte Einsatzplanung oder Fehlverhalten des Bedieners können sich jedoch Unfälle ereignen, die teilweise zu schweren oder tödlichen Verletzungen der Bediener und anderer Personen führen. Auch wenn der Einsatz anderer mobiler Maschinen (z.B. Gabelstapler) häufiger zu Unfällen führt, so sind Schadensfälle mit Hubarbeitsbühnen wegen ihrer Unfallschwere besonders von Bedeutung.

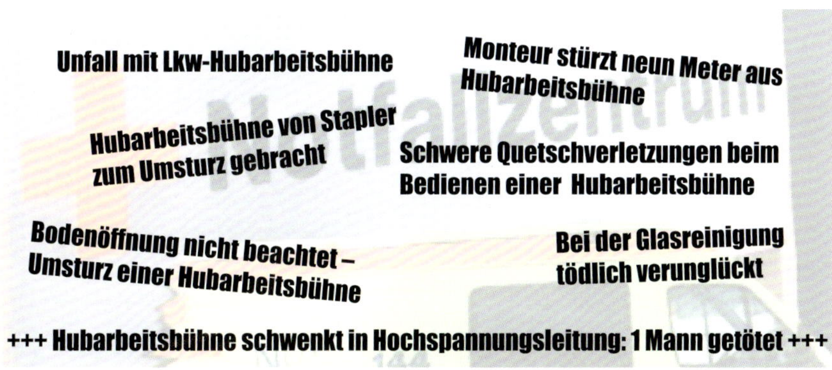

Abb. 3.1: Schlagzeilen zu Unfällen mit Hubarbeitsbühnen

Nach Angaben der staatlichen Arbeitsschutzbehörden ereignen sich in Deutschland jährlich etwa 5 tödliche Arbeitsunfälle, bei denen Hubarbeitsbühnen beteiligt sind. Die Auswertung dieser Unfälle zeigte folgende Unfallschwerpunkte:

- Verlust der Standsicherheit der Maschine durch mangelhafte Aufstellung,
- Einquetschen von Personen, welche sich zum Unfallzeitpunkt in der Arbeitsbühne aufhielten,
- Herausschleudern von Personen durch plötzliches Freiwerden von ungewollter Energie beim Einsatz von Auslegerbühnen (Peitscheneffekt),
- Abstürzen von Personen beim Aus- und Einsteigen aus der angehobenen Arbeitsbühne.

Grundsätzlich sind die Unfallursachen auf technische, organisatorische oder persönliche Sicherheitsdefizite zurückzuführen. Die nachfolgenden Ausführungen zeigen hierzu einzelne Unfallbeispiele.

3.1 Technische Unfallursachen

Technische Unfallursachen zeigen sich z. B. durch das Versagen von tragenden Bauteilen der Maschine, übermäßigen Materialverschleiß, defekte Sicherheitseinrichtungen oder sonstige Beschädigungen.

Tödlicher Unfall durch defekte Korbarmhydraulik

Bei der Inbetriebnahme einer gebrauchten Lkw-Hubarbeitsbühne kippte der Arbeitskorb schlagartig ab. Der Bediener und eine weitere im Arbeitskorb befindliche Person stürzten aus etwa 12 m ab. Der Bediener wurde tödlich verletzt. Der Unfall ereignete sich wegen einem „Dauerbruchschaden" an der Korbarmhydraulik. Ein Vorschaden (verbogene Kolbenstange) begünstigte das Unfallereignis.

Durch die regelmäßige Wartung und Prüfung der Maschinen sowie durch die tägliche Einsatzprüfung des Bedieners können Schäden frühzeitig erkannt und solche oder ähnliche Unfälle vermieden werden.

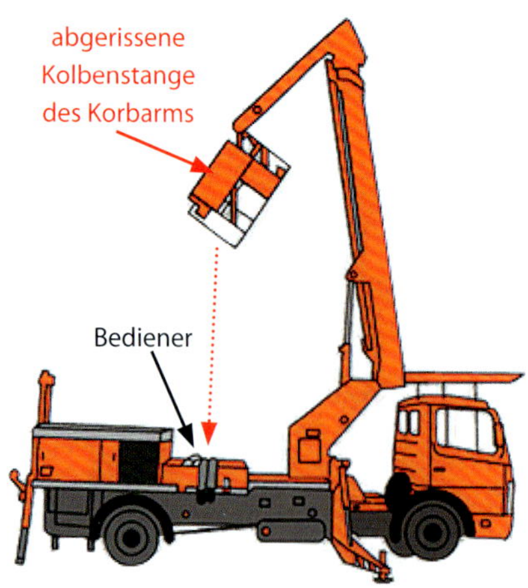

Abb. 3.2: Abgeknickter Korbarm

Abb. 3.3: Ungesicherte Bodenöffnung

3.2 Organisatorische Unfallursachen

Zu den organisatorischen Defiziten beim Umgang mit Hubarbeitsbühnen zählen z. B. das Fehlen der Gefährdungsbeurteilung und der Betriebsanweisung, das Missachten von Prüfungen, die mangelhafte Ausbildung der Bediener, die Auswahl ungeeigneter Maschinen, Versäumnisse bei der Baustellensicherung sowie die fehlende Absicherung von Bodenöffnungen oder Vertiefungen.

Ungesicherte Bodenöffnung kostete zwei Mitarbeitern das Leben
Mit einer Teleskop-Hubarbeitsbühne sollten Sanierungsarbeiten in einem alten Fabrikgebäude durchgeführt werden. Die Arbeitshöhe der zwei Mitarbeiter im Arbeitskorb betrug etwa 12 m. Beim Hineinfahren in eine nicht gesicherte Bodenöffnung kippte die Hubarbeitsbühne plötzlich um. Beide Mitarbeiter kamen durch den Absturz ums Leben. Die Bodenöffnung in dem Fabrikgebäude war weder abgesperrt noch abgedeckt. Der Bediener hatte zudem keine angemessene Ausbildung.

3.3 Persönliches Fehlverhalten

Die meisten Unfälle mit Hubarbeitsbühnen ereignen sich wegen Fehlhandlungen des Bedieners. Hierzu gehören z. B. das Anfahren von Hindernissen, der unzulässige Ausstieg aus der angehobenen Arbeitsbühne, die

Abb. 3.4: Umkippende Lkw-Hubarbeitsbühne infolge mangelhafter Abstützung

fehlerhafte Abstützung der Maschine, die Nichtbenutzung der persönlichen Schutzausrüstung sowie die Manipulation der Steuereinrichtungen. Die Aufzählung ließe sich sicher mühelos fortsetzen, sie soll jedoch nur zeigen, wie wichtig eine angemessene Ausbildung der Bediener von Hubarbeitsbühnen ist.

Mangelhafte Abstützung auf einer Rasenfläche

Für Arbeiten an einer Richtfunkantenne wurde eine Lkw-Hubarbeitsbühne auf einer Rasenfläche aufgestellt. Der Untergrund gab nach, und die Maschine neigte sich zur Seite. Der Teleskoparm setzte auf ein benachbartes Gebäude auf, wobei der Arbeitskorb umschlug. Der Bediener und sein Kollege stürzten aus dem Korb und erlagen wenig später ihren Verletzungen. Der Unfall ereignete sich, weil die Größe der Unterlegplatten für die Rasenfläche zu gering bemessen war.

Die standsichere Aufstellung von Hubarbeitsbühnen mit Abstützeinrichtungen wird ausführlich im Kapitel „Standsicherheit" behandelt.

Merke: Unfälle mit Hubarbeitsbühnen können vielfältige Ursachen haben. Häufig werden die am Unfall beteiligten Personen schwer verletzt.

4. Anforderungen an den Bediener

Das Steuern von Hubarbeitsbühnen ist eine verantwortungsvolle und gefährliche Tätigkeit. Um Schäden und Unfälle zu vermeiden, gilt für das Bedienen von Hubarbeitsbühnen deshalb eine Beschäftigungsbeschränkung. Das heißt, nicht jeder Mitarbeiter darf Hubarbeitsbühnen bedienen.

4.1 Allgemeine Anforderungen

In der Einleitung der DIN EN 280 wird explizit darauf hingewiesen, dass Bediener von Hubarbeitsbühnen entsprechend ausgebildet sein müssen. So dürfen in Deutschland Hubarbeitsbühnen nur von Mitarbeitern bedient werden, die mindestens 18 Jahre alt sind, in Theorie und Praxis ausgebildet wurden und ihre Qualifikation durch eine bestandene Prüfung nachgewiesen haben.

Jugendliche unter 18 Jahren dürfen Hubarbeitsbühnen im Rahmen ihrer Ausbildung bedienen, wenn sie unter ständiger fachlicher Aufsicht stehen. Der Aufsichtsführende sollte schriftlich benannt sein. Die Ausbildung des Bedieners hat nach dem Grundsatz „Ausbildung und Beauftragung der Bediener von Hubarbeitsbühnen" (DGUV G 308-008) zu erfolgen. Die Ausbildungsdauer beträgt mindestens einen Tag und be-

Theoretische Prüfung
Fragebogen-Variante A

Sicheres Bedienen von fahrbaren Hubarbeitsbühnen **1**

Vorname/Name: ______ geb. am: ______

beschäftigt bei: ______ heutiges Datum: ______

Unterschrift des zu Prüfenden: ______

Kreuzen Sie in dem nachstehenden Fragenkatalog die nach Ihrer Meinung richtige Antwort an.
Je Frage ist nur eine Antwort richtig!
Wollen Sie eine Antwort nachträglich als ungültig markieren, so ist das gesamte Ankreuz-Feld auszufüllen (zu schwärzen).

	Antwort richtig	Antwort falsch
1. Wie definiert die DIN EN 280 Fahrbewegungen einer Hubarbeitsbühne? A Fahren bezeichnet alle Kreisbewegungen der Hubeinrichtung um eine senkrechte Achse. B Fahren bezeichnet alle Kreisbewegungen der Arbeitsbühne um eine senkrechte Achse. C Fahren bezeichnet alle Bewegungen des Fahrwerkes mit der Arbeitsbühne außerhalb der Transportstellung.		
2. Wie groß ist der Schutzabstand zu elektrischen Freileitungen, wenn die Netzspannung zwischen 1 kV und 110 kV liegt? A 2 Meter B 3 Meter C 5 Meter.		
3. Welchen Einfluss hat starker Regen und einsetzendes Tauwetter auf die Standsicherheit einer Hubarbeitsbühne bei Arbeiten im Freien? A Das Wetter hat keinerlei Einfluss auf die Standsicherheit. B Die Tragfähigkeit des Untergrundes wird negativ beeinflusst, so dass die Maschine notfalls umkippen kann. C Starker Regen beeinträchtigt die Funktionsweise der Abstützeinrichtungen.		
4. Warum sollte der Bediener einer Hubarbeitsbühne an einer medizinischen Eignungsuntersuchung teilnehmen? A Um im Falle eines Schadens versichert zu sein. B Um Gefährdungen wegen gesundheitlicher Probleme auszuschließen. C Um Vorgesetzte und Kollegen von der eigenen Gesundheit zu überzeugen.		
5. Wie groß muss der Schutzabstand einer Hubarbeitsbühne mit 7,5 t zulässiger Gesamtmasse zu Baugruben mit waagerechtem Normverbau mindestens sein? A 0,6 Meter B 0,8 Meter C 1,0 Meter.		
6. Welchen Vorteil bieten Anhänger-Hubarbeitsbühnen gegenüber anderer Höhenzugangstechnik? A Anhänger-Hubarbeitsbühnen bieten keinen Vorteil gegenüber anderer Höhenzugangstechnik. B Anhänger-Hubarbeitsbühnen sind verhältnismäßig schwer und daher nur bedingt an wechselnden Orten einsetzbar. C Anhänger-Hubarbeitsbühnen lassen sich einfach und schnell mit einem Zugfahrzeug zum Einsatzort transportieren.		

Praktische Prüfung

Sicheres Bedienen von fahrbaren Hubarbeitsbühnen **1**

Vorname/Name: ______ geb. am: ______

beschäftigt bei: ______ heutiges Datum: ______

Hubarbeitsbühne:
Hersteller/Typ: ______
Bauform: ______
Baujahr, Fabr.-Nr.: ______

MÜNDLICHE AUFGABENSTELLUNG AN DEN ZU PRÜFENDEN:

Maschinen ohne Abstützeinrichtungen (Bild 1a und 1b):
(z. B. Scheren-, Stempelmast-, Teleskop-Hubarbeitsbühnen und dgl.)

Als Bediener übernehmen Sie die obige Hubarbeitsbühne an diesem Tag zum ersten Mal. Sie sollen die Maschine in einer beengten Umgebung (z. B. Fertigungshalle) in Grundstellung zum Einsatzort fahren. An der Arbeitsstelle ist die Arbeitsbühne auf mind. 2/3 der maximalen Arbeitshöhe anzuheben und wieder abzusenken. Anschließend erfolgt die Rückfahrt der Maschine. Aufgrund der beengten Verhältnisse kann die Rückfahrt nur rückwärts durchgeführt werden. Nehmen Sie die Maschine nach der Prüfungsfahrt außer Betrieb.

Maschinen mit Abstützeinrichtungen (Bild 2):
(z. B. Lkw-, Anhänger-Hubarbeitsbühnen und dgl.)

Als Bediener übernehmen Sie die obige Hubarbeitsbühne an diesem Tag zum ersten Mal. Sie sollen die Hubarbeitsbühne auf einem unbekannten Untergrund standsicher aufstellen. Bewegen Sie die Arbeitsbühne zur Inspektion (z. B. an einem Gebäude) entlang einer vorgegebenen vertikalen (z. B. Wand) und horizontalen (z. B. Flachdach) Ebene. Danach ist eine zusätzliche Arbeitsstelle (z. B. Mast) anzufahren, wobei mind. 2/3 der maximalen Arbeitshöhe und der seitlichen Reichweite ausgenutzt werden müssen. Bringen Sie die Arbeitsbühne anschließend in Grundstellung und nehmen Sie die Maschine außer Betrieb.

Hier können Sie als Prüfer auf Wunsch die Aufgabenstellung noch erweitern:

Führen Sie die Arbeitsanweisung unter Beachtung der Unfallverhütungsvorschriften, der Betriebsanweisungen des Unternehmers und der Betriebsanleitung des Herstellers durch.

Anmerkungen zum Prüfungsergebnis – „Bewertungskürzel":
+ beachtet bzw. einwandfrei durchgeführt
– nicht beachtet bzw. mangelhaft durchgeführt
o bei der gestellten Aufgabe nicht relevant

Abb. 4.1: Testbogen Theorie und Praxis, Resch-Verlag

steht aus theoretischen und praktischen Lehrinhalten. Sofern die Ausbildungsmaschine nicht mit der betrieblichen Maschine übereinstimmt, muss der Bediener in die gerätespezifischen Besonderheiten der tatsächlich zu steuernden Hubarbeitsbühne zusätzlich eingewiesen werden.

> **Merke:** Die Einweisung ersetzt nicht die Ausbildung (unter Ausbildung versteht man die grundlegende Qualifikation des Bedieners in Theorie und Praxis).

Ist der Bediener Mitarbeiter einer Fremdfirma, verbleiben die zuvor genannten Verpflichtungen bei der Fremdfirma. Darüber hinaus kann die auftraggebende Firma, auf deren Gelände die Fremdfirma tätig wird, den Bediener der Fremdfirma für das eigene Betriebsgelände schriftlich beauftragen.

> **Merke:** Der Bediener einer Hubarbeitsbühne darf nur solche Bauarten bedienen, für die er eine schriftliche Beauftragung besitzt.

4.2 Schriftliche Beauftragung

Der Bediener einer Hubarbeitsbühne benötigt eine schriftliche Beauftragung des Unternehmers. Durch diese wird dokumentiert, welche Ausbildung bzw. Zusatzqualifikation der Mitarbeiter besitzt und auf welche Bauform sich der Bedienerauftrag bezieht. In der Praxis haben sich spezielle Bedienerausweise bewährt (vgl. Abb. 4.2).

Abb. 4.2: Bedienerausweis für Hubarbeitsbühnen

Für das Betreiben von Lkw-Hubarbeitsbühnen und Anhänger-Hubarbeitsbühnen ist zusätzlich die jeweils gültige Fahrerlaubnis erforderlich, sofern diese Maschinen im öffentlichen Verkehrsraum eingesetzt werden. Auskünfte zu der notwendigen Fahrerlaubnis sind z. B. beim Hersteller oder Vermieter der Maschine zu erfragen.

4.3 Körperliche Eignung

Um Hubarbeitsbühnen sicher bedienen zu können, muss der Bediener in einer guten körperlichen Verfassung sein. Zu den körperlichen Anforderungen eines Maschinenführers gehören insbesondere

- Höhentauglichkeit,
- gutes Hör- und Sehvermögen,

Abb. 4.3: Arbeitsmediziner können bei Bedarf die körperliche Eignung des Bedieners feststellen.

- keine Gleichgewichts- und Bewusstseinsstörungen,
- keine Einschränkungen des Bewegungsapparates,
- keine Suchtmittel- oder Medikamentenabhängigkeit.

Erkrankungen oder Zustände, welche die gesundheitliche Eignung des Bedieners in Frage stellen können, sind z. B.

- Anfallsleiden (Epilepsie),
- Stoffwechselerkrankungen (Diabetes mellitus),
- Zustand nach Herzinfarkt oder Schlaganfall,
- Dauerbehandlung mit Medikamenten, welche die Fahrtüchtigkeit beeinträchtigen können.

Um Gefährdungen bei der Arbeit auszuschließen, können auf Veranlassung des Arbeitgebers Einstellungs- bzw. Eignungsuntersuchungen veranlasst werden. Sie sind rechtlich zulässig, wenn die betroffenen Beschäftigten in die Untersuchung einwilligen und zugleich nicht unangemessen benachteiligt werden. Die „DGUV Empfehlungen für arbeitsmedizinische Beratungen und Untersuchungen" können für Einstellungs- und sonstige Untersuchungen der Maschinenbediener herangezogen werden. Durchgeführt werden die Untersuchungen von einem Arbeitsmediziner oder dem Betriebsarzt. Die Kosten der arbeitsmedizinischen Dienstleistungen trägt der Arbeitgeber.

Merke: Die Gefährdungsbeurteilung ist als solche keine ausreichende Rechtfertigung für eine arbeitsmedizinische Untersuchung des Bedieners, kann aber zur Unterstützung dieser Maßnahme im konkreten Einzelfall mit herangezogen werden.

4.4 Vorbildfunktion des Bedieners

Der Bediener einer Hubarbeitsbühne muss für seine eigene Sicherheit und für die seiner Kolleginnen und Kollegen Sorge tragen. Das eigene Handeln schließt auch das Unterlassen einer erforderlichen Handlung mit ein (z. B. Versäumnisse im Arbeitsschutz). Sein Verhalten sollte stets sicherheitsgerecht und vorbildlich sein. Diese Vorbildfunktion gilt insbesondere gegenüber Neulingen im Betrieb (z. B. Auszubildenden), die andernfalls falsche Verhaltensweisen übernehmen könnten.

5. Verantwortung und Haftung

Nach den einschlägigen Vorschriften tragen alle Funktionsträger und Mitarbeiter eines Betriebes Verantwortung im Bereich des Arbeitsschutzes. Der Umfang der Rechtspflichten ergibt sich aus der jeweiligen Funktion des Einzelnen innerhalb des Betriebes. Es wird zwischen den Verantwortlichkeiten

- des Unternehmers,
- der Fach- und Führungskräfte,
- des Bedieners einer Hubarbeitsbühne und
- des Vermieters (beim Einsatz von Fremdgeräten)

unterschieden.

5.1 Pflichten des Unternehmers

Der Unternehmer trägt die Gesamtverantwortung für die Arbeitssicherheit und den Gesundheitsschutz. Dazu gehören grundsätzliche Aufgaben wie z. B. die Bereitstellung von ordnungsgemäßen Maschinen inklusive deren regelmäßige Wartung, Prüfung und ggf. Reparatur, die Planung und Kontrolle der durchzuführenden Tätigkeiten unter Berücksichtigung der Gefährdungsbeurteilung und vieles mehr. Je nach Betriebsgröße wird sich der Unternehmer nicht selbst um alle Details des Arbeitsschutzes kümmern können und daher einzelne Verantwortlichkeiten auf seine Fach- und Führungskräfte übertragen.

Merke: Der Unternehmer trägt die Gesamtverantwortung für die Arbeitssicherheit und den Gesundheitsschutz.

5.2 Pflichten von Fach- und Führungskräften

Auch Fach- und Führungskräfte übernehmen Verantwortung im Arbeitsschutz. Der Umfang der Rechtspflichten ergibt sich aufgrund ihrer Stellung im Betrieb sowie der Pflichtenübertragung des Unternehmers. Die Pflichtenübertragung ist schriftlich durchzuführen und durch beidseitige Unterschriften zu bestätigen. Nach entsprechender Beauftragung nehmen Vorgesetzte zwar unternehmerische Pflichten wahr, die Kontrollverantwortung verbleibt jedoch beim Unternehmer.

Merke: Die Übertragung von unternehmerischen Pflichten auf die Fach- und Führungskräfte hat schriftlich zu erfolgen.

5.3 Pflichten des Bedieners

Der Bediener einer Hubarbeitsbühne besitzt ebenfalls umfangreiche Rechtspflichten. Er ist insbesondere für die sichere Bedienung verantwortlich. Zur Vermeidung von Schäden und Unfällen hat er folgende wichtige Aufgaben:

- Vorschriften und betriebliche Regelungen zum Arbeitsschutz (z. B. Betriebsanweisungen) zu beachten,
- die Hubarbeitsbühne gemäß den Herstellerangaben (Betriebsanleitung) zu verwenden,
- die erforderliche persönliche Schutzausrüstung zu tragen,
- die Hubarbeitsbühne arbeitstäglich auf augenscheinliche Mängel hin zu kontrollieren,
- die Arbeiten bei erheblichen Mängeln an der Maschine bzw. der persönlichen Schutzausrüstung unverzüglich einzustellen,
- Schäden an der Maschine sowie der persönlichen Schutzausrüstung dem jeweiligen Vorgesetzten sofort zu melden,
- die unbefugte Benutzung der Hubarbeitsbühne zu verhindern. Schlüssel abziehen!

Merke: Der Bediener ist für die sichere Maschinenbedienung verantwortlich.

5.4 Mögliche Rechtsfolgen

§ Bei schweren oder wiederholten Verstößen gegen Arbeitsschutzvorschriften hat der Bediener (auch andere Personen) mit erheblichen Rechtsfolgen wie Abmahnung, Kündigung, Bußgeld, Freiheits- oder Geldstrafe sowie Regress zu rechnen. Das Ausmaß der Rechtsfolgen richtet sich nach der Schwere des Verschuldens. Aus juristischer Sicht unterscheidet man zwischen (einfacher) Fahrlässigkeit, grober Fahrlässigkeit und Vorsatz. Fahrlässig handelt bereits derjenige, der unter Berücksichtigung der persönlichen Kenntnisse und Fähigkeiten die erforderliche Sorgfalt außer Acht lässt. Grobe Fahrlässigkeit hingegen liegt dann vor, wenn die erforderliche Sorgfaltspflicht in besonders hohem Maß verletzt wurde. Dies unterstellt ferner, dass einfachste Überlegungen nicht angestellt wurden. Das bewusste Begehen einer Tat oder das Begehen von Unrecht (mit Wissen und Wollen) wird als Vorsatz bezeichnet.

Abmahnung, Kündigung und Bußgeld sind auch dann möglich, wenn durch das Fehlverhalten des Bedieners kein materieller oder körperlicher Schaden entstanden ist. Im Strafrecht hingegen wird ein schuldhaftes Verhalten in Verbindung mit einem tatsächlichen Schaden (z. B. Körperverletzung) vorausgesetzt.

Merke: Bei sicherheitswidrigem Handeln hat der Bediener mit Abmahnung, Kündigung oder Bußgeld zu rechnen, auch wenn durch sein Fehlverhalten kein Schaden eingetreten ist.

5.5 Vermietung von Hubarbeitsbühnen

Häufig werden Hubarbeitsbühnen angemietet und in eigener Verantwortung betrieben. Hierbei handelt es um die Überlassung einer Mietsache gemäß den Bedingungen des Bürgerlichen Gesetzbuches (BGB). Die umgangssprachlich oftmals benutzte Bezeichnung „Verleiher" ist nicht richtig, da der Verleih einer Sache unentgeltlich ist.

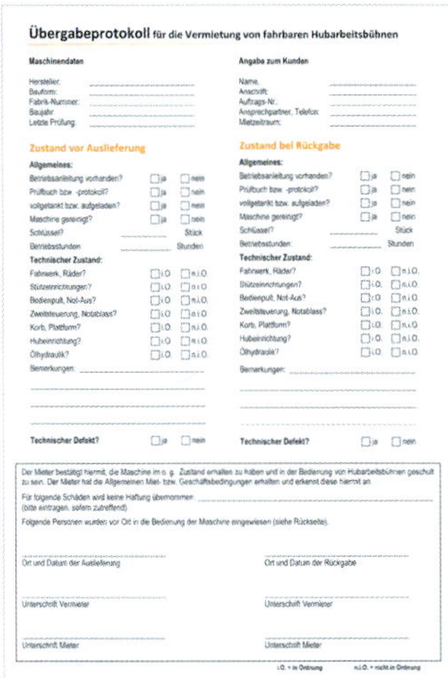

Übergabeprotokoll für die Vermietung von fahrbaren Hubarbeitsbühnen

Maschinendaten
Hersteller:
Bauform:
Fabrik-Nummer:
Baujahr
Letzte Prüfung:

Angabe zum Kunden
Name:
Anschrift:
Auftrags-Nr.:
Ansprechpartner, Telefon:
Mietzeitraum:

Zustand vor Auslieferung

Allgemeines:
Betriebsanleitung vorhanden? ☐ ja ☐ nein
Prüfbuch bzw. -protokoll? ☐ ja ☐ nein
vollgetankt bzw. aufgeladen? ☐ ja ☐ nein
Maschine gereinigt? ☐ ja ☐ nein
Schlüssel? ______ Stück
Betriebsstunden ______ Stunden

Technischer Zustand:
Fahrwerk, Räder? ☐ i.O. ☐ n.i.O.
Stützeinrichtungen? ☐ i.O. ☐ n.i.O.
Bedienpult, Not-Aus? ☐ i.O. ☐ n.i.O.
Zweitsteuerung, Notablass? ☐ i.O. ☐ n.i.O.
Korb, Plattform? ☐ i.O. ☐ n.i.O.
Hubeinrichtung? ☐ i.O. ☐ n.i.O.
Ölhydraulik? ☐ i.O. ☐ n.i.O.
Bemerkungen:

Technischer Defekt? ☐ ja ☐ nein

Zustand bei Rückgabe

Allgemeines:
Betriebsanleitung vorhanden? ☐ ja ☐ nein
Prüfbuch bzw. -protokoll? ☐ ja ☐ nein
vollgetankt bzw. aufgeladen? ☐ ja ☐ nein
Maschine gereinigt? ☐ ja ☐ nein
Schlüssel? ______ Stück
Betriebsstunden: ______ Stunden

Technischer Zustand:
Fahrwerk, Räder? ☐ i.O. ☐ n.i.O.
Stützeinrichtungen? ☐ i.O. ☐ n.i.O.
Bedienpult, Not-Aus? ☐ i.O. ☐ n.i.O.
Zweitsteuerung, Notablass? ☐ i.O. ☐ n.i.O.
Korb, Plattform? ☐ i.O. ☐ n.i.O.
Hubeinrichtung? ☐ i.O. ☐ n.i.O.
Ölhydraulik? ☐ i.O. ☐ n.i.O.
Bemerkungen:

Technischer Defekt? ☐ ja ☐ nein

Der Mieter bestätigt hiermit, die Maschine im o. g. Zustand erhalten zu haben und in der Bedienung von Hubarbeitsbühnen geschult zu sein. Der Mieter hat die Allgemeinen Miet- bzw. Geschäftsbedingungen erhalten und erkennt diese hiermit an.

Für folgende Schäden wird keine Haftung übernommen:
(bitte eintragen, sofern zutreffend)

Folgende Personen wurden vor Ort in die Bedienung der Maschine eingewiesen (siehe Rückseite).

Ort und Datum der Auslieferung — Ort und Datum der Rückgabe

Unterschrift Vermieter — Unterschrift Vermieter

Unterschrift Mieter — Unterschrift Mieter

i.O. = in Ordnung n.i.O. = nicht in Ordnung

Abb. 5.1: Übergabeprotokoll für die Vermietung von Hubarbeitsbühnen, Resch-Verlag

Grundsätzlich gilt für jedermann, die geforderte Sorgfaltspflicht walten zu lassen. Das bedeutet, sich umsichtig zu verhalten und unnötige Risiken, auch für andere Personen, zu vermeiden. Verträge über die Vermietung von Hubarbeitsbühnen sollten schriftlich erfolgen. In der Praxis haben sich Übergabeprotokolle bewährt, die den Zustand der Hubarbeitsbühne / des Mietgegenstandes bei der Auslieferung sowie bei der Rückgabe dokumentieren. Ein entsprechendes Muster zeigt die Abbildung 5.1.

Nach § 535 (1) BGB wird der Vermieter verpflichtet, dem Betreiber den Gebrauch der Hubarbeitsbühne während der Mietzeit zu gewähren. Ferner hat der Vermieter die Hubarbeitsbühne für die gesamte Mietdauer in einem geeigneten Zustand zu erhalten. Das bedeutet, dass der Vermieter nur technisch einwandfreie Maschinen zur Verfügung stellen darf. Zudem hat er den Betreiber in allen wesentlichen Fragen des sicheren Maschineneinsatzes zu unterstützen. Die in dieser Broschüre genannten Betreiberpflichten bleiben davon unberührt. Dies betrifft insbesondere auch die Aus- und Fortbildung der Bediener von Hubarbeitsbühnen.

> **Merke:** Die Einweisung des Vermieters ersetzt nicht die Ausbildung des Bedieners. Vielmehr stellt sie eine sinnvolle Ergänzung dar.

Sollten sich durch die Bereitstellung einer fehlerhaften Mietsache oder deren Fehlbedienung Schäden einstellen, so haben sich der schuldhaft handelnde Vermieter bzw. der Betreiber gemäß § 276 (2) zivilrechtlich zu verantworten. Zudem greifen bei fahrlässiger Körperverletzung oder Tötung die einschlägigen Vorschriften des Strafgesetzbuches, die zu erheblichen Geld- oder Freiheitsstrafen führen können. Voraussetzung hierfür ist jedoch, dass der Regelverstoß ursächlich für den Unfall war und der Schädiger diesen rechtswidrig und schuldhaft verursachte.

6. Bauformen

Nach der DIN EN 280 werden Hubarbeitsbühnen in die Gruppen A und B eingeteilt. Bei Hubarbeitsbühnen der Gruppe A befindet sich die senkrechte Projektion des Lastschwerpunktes innerhalb der Kippkanten der Maschine. Aus diesem Grund werden diese Maschinen auch Senkrechtbühnen genannt (vgl. Abb. 6.1). Zu den Senkrechtbühnen gehören Scheren-Hub-

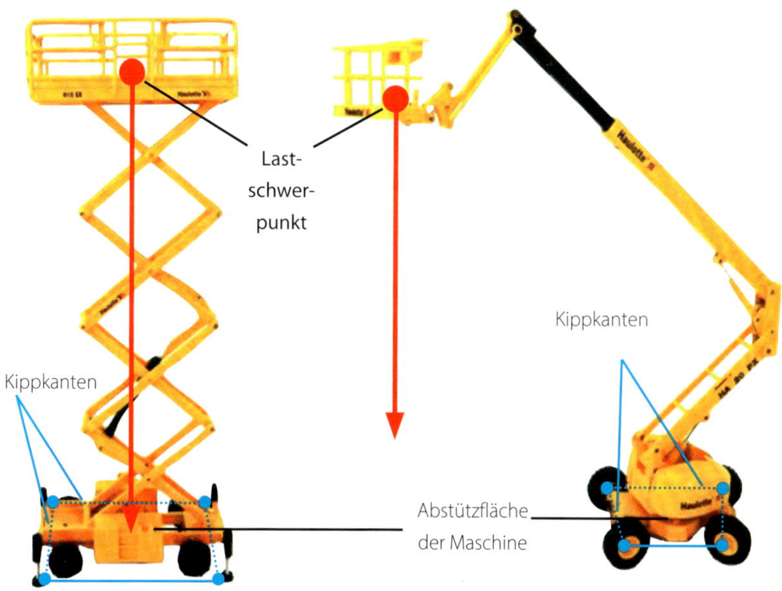

Abb. 6.1:
Gruppe A Senkrechtlift
(hier: Scheren-Hubarbeitsbühne)

Abb. 6.2:
Gruppe B Auslegerbühne
(hier: Gelenkteleskop-Hubarbeitsbühne)

arbeitsbühnen und Stempelmastbühnen. Bei Hubarbeitsbühnen der Gruppe B befindet sich die senkrechte Projektion des Lastschwerpunktes außerhalb der Kippkanten. Deshalb werden diese Maschinen auch Auslegerbühnen bzw. Schwenkarmbühnen genannt (vgl. Abb. 6.2). Auslegerbühnen sind z. B. Lkw-Hubarbeitsbühnen, Teleskop-Hubarbeitsbühnen und Anhänger-Hubarbeitsbühnen.

Darüber hinaus werden Hubarbeitsbühnen nach der genannten Norm in drei Typen unterteilt. Diese Klassifizierung **(Typen 1, 2 und 3)** ist abhängig von den Fahr- und Steuereigenschaften der jeweiligen Maschine. Bei Hubarbeitsbühnen des Typs 1 ist das Fahren nur möglich, wenn sich die Maschine in Transportstellung befindet. Bei Maschinen des Typs 2 ist das Fahren mit angehobener Arbeitsbühne nur von einer Steuerstelle am Fahrwerk aus möglich. Typ 3 beschreibt Hubarbeitsbühnen, bei denen das Fahren mit angehobener Arbeitsbühne nur von einer Steuerstelle innerhalb der Arbeitsbühne aus möglich ist. Eine Kombination der Typen 2 und 3 ist grundsätzlich möglich. In der Praxis haben sich verschiedene Bauformen durchgesetzt, die jede für sich verschiedene Vor- und Nachteile aufweist. Die gebräuchlichsten Bauformen werden nachfolgend näher erläutert.

Abb. 6.3: Lkw-Hubarbeitsbühne

6.1 Lkw-Hubarbeitsbühnen

Lkw-Hubarbeitsbühnen gehören zur Gruppe der Auslegerbühnen. Ihre Einsatzmöglichkeiten sind äußerst vielfältig. Sie besitzen eine sehr große seitliche Reichweite, die bis zu 40 m betragen kann. Außerdem können mit ihnen die größten Arbeitshöhen von über 100 m erreicht werden.

Lkw-Hubarbeitsbühnen werden immer dort eingesetzt, wo große Flexibilität gefordert ist. Durch das Trägerfahrzeug lassen sie sich schnell von einem Einsatzort zum anderen bringen. Die Rüstzeiten für das Auf- und Abbauen sind dank moderner Abstützvarianten verhältnismäßig gering. Da Lkw-Hubarbeitsbühnen in der Regel über hohe Tragfähigkeiten verfügen (z.B. 500 kg), ist das Mitführen von Werkzeug und Material in die Höhe problemlos möglich. Ausrüstungsmerkmale wie z.B. Korbarm oder drehbarer Arbeitskorb verbessern die Zugangsmöglichkeiten der Maschine zusätzlich. So können auch verwinkelte Stellen, beispielsweise an Gebäuden, gut erreicht werden.

Lkw-Hubarbeitsbühnen werden in Abhängigkeit von der zulässigen Gesamtmasse (zGM) in 3 Gruppen eingeteilt:

- Gruppe 1 (zGM bis 3,5 t): Fahrerlaubnis der Klasse B erforderlich, Arbeitshöhen bis ca. 25 m.
- Gruppe 2 (zGM bis 7,5 t): Fahrerlaubnis der Klasse C1 erforderlich, Arbeitshöhen bis ca. 30 m.
- Gruppe 3 (zGM größer 7,5 t): Fahrerlaubnis der Klasse C erforderlich, Arbeitshöhen bis ca. 100 m.

Merke: Der Fahrer einer Lkw-Hubarbeitsbühne benötigt die für die Teilnahme im öffentlichen Straßenverkehr erforderliche Fahrerlaubnis (Führerschein).

6.2 Teleskop-Hubarbeitsbühnen

Teleskop-Hubarbeitsbühnen gehören zur Gruppe der Auslegerbühnen. Sie sind häufig auf Bau- und Montagestellen anzutreffen. Sie bieten eine seitliche Reichweite von bis zu 25 m, wobei Arbeitshöhen von etwa 50 m realisiert werden können. Ihre Tragfähigkeit beträgt je nach Hersteller bis zu 350 kg und ist damit geringer als die von Lkw-Hubarbeitsbühnen. Wegen des starren Auslegers können Hindernisse in der Höhe nicht oder nur bedingt überbrückt werden.

Ihr Fahrwerk besitzt üblicherweise keine Abstützeinrichtungen, wodurch

Abb. 6.4: Teleskop-Hubarbeitsbühne mit starrem Ausleger

das Verfahren der Maschine mit angehobener Arbeitsbühne ermöglicht wird. Das Steuern erfolgt hierbei am Bedienpult innerhalb der Arbeitsbühne. Teleskop-Hubarbeitsbühnen werden wegen ihrer kompakten Bauweise sehr geschätzt. Sie sind wendig und lassen sich mit verschiedenen Antrieben sowohl im Innen- als auch im Außenbereich einsetzen. Nachteilig ist jedoch, dass sie mit einem zusätzlichen Fahrzeug (z. B. Tieflader) zum jeweiligen Einsatzort gebracht werden müssen.

6.3 Gelenkteleskop-Hubarbeitsbühnen

Gelenkteleskop-Hubarbeitsbühnen gehören ebenfalls zur Gruppe der Auslegerbühnen. Sie zeichnen sich durch die besondere Konstruktion ihrer Hubeinrichtung aus. Diese ist mit speziellen Knickgelenken ausgerüstet, sodass vorhandene Hindernisse in der Höhe gut überbrückt werden können. Mit ihnen lassen sich Reichweiten von bis zu 25 m realisieren. Die maximalen Arbeitshöhen liegen bei etwa 50 m.

Die Tragfähigkeiten können bis zu 350 kg betragen. Sie besitzen in der Regel keine Abstützeinrichtungen und ermöglichen daher das Verfahren mit angehobener Arbeitsbühne. Aufgrund verschiedener Antriebe sind sie für Innen- und Außeneinsätze geeignet. Für den Transport einer solchen Maschine ist ebenfalls ein Fahrzeug (z. B. Tieflader) erforderlich.

Abb. 6.5: Gelenkteleskop-Hubarbeitsbühne

6.4 Scheren-Hubarbeitsbühnen

Scheren-Hubarbeitsbühnen gehören zur Gruppe der Senkrechtlifte. Sie besitzen als Hubeinrichtung eine Scherenkonstruktion, welche die Arbeitsbühne (Plattform) trägt. Durch die kompakte Bauform (Lastschwerpunkt innerhalb der Kippkanten) sind sehr große Tragfähigkeiten möglich. Diese können bis zu 1.500 kg betragen, welches als wesentlicher Vorteil gegenüber anderen Bauformen anzusehen

Abb. 6.6: Scheren-Hubarbeitsbühne

ist. Mit Scheren-Hubarbeitsbühnen können Arbeitshöhen von bis zu 35 m realisiert werden. Zudem sind sie in angehobener Stellung von der Plattform aus verfahrbar.

Nachteilig ist, dass die Maschinen wegen des fehlenden Auslegers in der Höhe keine Hindernisse überbrücken können. Ausschiebbare Plattformelemente gleichen diesen Nachteil nur bedingt aus.

Scheren-Hubarbeitsbühnen verfügen über einen Dieselmotor- oder Batterieantrieb und sind im Außen- und Innenbereich einsetzbar. Kleine, schmale Maschinentypen erlauben die Durchfahrt durch Türen. Schwere und teilweise mit Allradantrieb und Pendelachse ausgestattete Maschinen ermöglichen außerdem das Arbeiten in schwierigem Außengelände. Durch zusätzliche Abstützeinrichtungen sind Scheren-Hubarbeitsbühnen nivellierbar und können somit auch auf geneigtem Untergrund eingesetzt werden. Zum Einsatzort gelangen sie nur durch ein weiteres Fahrzeug (z. B. Tieflader).

6.5 Anhänger-Hubarbeitsbühnen

Anhänger-Hubarbeitsbühnen gehören zur Gruppe der Auslegerbühnen. Sie lassen sich vorzugsweise überall dort einsetzen, wo andere Maschinen (z. B. Lkw-Hubarbeitsbühnen) zu groß bzw. zu schwer sind. Mit Anhänger-Hubarbeitsbühnen können seitliche Reichweiten von bis zu 15 m realisiert werden. Die Arbeitshöhen können bis zu 30 m betragen, die Tragfähigkeiten sind vergleichsweise gering und betragen oft nicht mehr als 215 kg. Das Verfahren der Maschine in angehobener Stellung der Arbeitsbühne ist nicht möglich.

Ihr Betrieb ist in Innenräumen problemlos möglich, da die Maschinen überwiegend durch einen externen Stromanschluss (Netzspannung, 230 Volt) oder mittels Batterie betrieben werden. Mit Hilfe eines geeigneten

Abb. 6.7: Anhänger-Hubarbeitsbühne

Zugfahrzeuges lassen sie sich schnell und flexibel zum jeweiligen Einsatzort bringen. Es wird lediglich ein Pkw mit Anhängerkupplung benötigt. Wegen der schmalen Abmessungen in Transportstellung stellen geringere Durchfahrtshöhen und -breiten selten ein Problem dar. Der Fahrer des Zugfahrzeuges muss eine für die jeweilige Fahrzeugkombination erforderliche Fahrerlaubnis besitzen (z. B. Führerschein BE oder C1E).

6.6 Stempelmast-Hubarbeitsbühnen

Stempelmast-Hubarbeitsbühnen gehören zur Gruppe der Senkrechtlifte. Sie besitzen als Hubeinrichtung einen hydraulischen Stempel, welcher die Arbeitsbühne (Plattform) in vertikale

Abb. 6.8: Stempelmast-Hubarbeitsbühne

Richtung bewegt. Ihre Arbeitshöhen betragen maximal 18 m. Sofern die Maschine über einen zusätzlichen Korbarm verfügt, können geringe seitliche Reichweiten (max. 2,5 m) realisiert werden. Die Tragfähigkeiten von Stempelmast-Hubarbeitsbühnen können bis zu 200 kg betragen. Wegen ihrer kompakten Bauweise werden sie überwiegend in Innenbereichen (z. B. in Lagern) verwendet. Geringe Durchfahrtshöhen und -breiten stellen darüber hinaus keine Einschränkungen bei der Nutzung dar.

Stempelmast-Hubarbeitsbühnen sind entweder selbstfahrend (Elektroantrieb) oder werden manuell in die gewünschte Arbeitsposition gebracht. Sie können mit oder ohne Abstützeinrichtungen ausgestattet sein. Bei einfachen Bauformen werden die vorhandenen Stützen nicht kraft-, sondern oftmals handbetrieben betätigt. Sofern Stempelmast-Hubarbeitsbühnen an wechselnden Einsatzorten betrieben werden, ist zum Transport ein zusätzliches Fahrzeug (z. B. Tieflader) erforderlich.

6.7 Spezial-Hubarbeitsbühnen

Als Spezial-Hubarbeitsbühnen werden Bauformen bezeichnet, die auf Grund von besonderen Ausrüstungsmerkmalen spezielle Arbeiten erst ermöglichen. Hierzu gehören z. B. Brückenuntersichtgeräte, welche zur Inspektion von Brücken und ähnlichen Bauwerken eingesetzt werden (vgl. Abb. 6.9).

Abb. 6.9: Brückenuntersichtgerät auf Lkw-Trägerfahrzeug

Auch andere Hubarbeitsbühnen, welche Eisenbahnwaggons oder schwimmende Pontons als Fahrwerk nutzen, bezeichnet man als Spezial-Hubarbeitsbühnen. Sie werden z. B. im Flugzeugbau, in der Luft- und Raumfahrtindustrie sowie im Gleis- und Fahrleitungsbau (vgl. Abb. 6.11) eingesetzt.

Abb. 6.10: Spezial-Hubarbeitsbühne mit Raupenfahrwerk

Abb. 6.11: Spezial-Hubarbeitsbühne im Fahrleitungsbau

Ferner werden auch solche Maschinen als Spezial-Hubarbeitsbühnen bezeichnet, die als Untergestell über ein Raupenfahrwerk verfügen (vgl. Abb. 6.10). Durch die besondere Fahrwerkstechnik sind Einsätze auch in schwierigem Gelände sowie auf Böden mit äußerst geringer Tragfähigkeit möglich. Mit Raupenfahrwerken können Steigungen von bis zu 40 Prozent überwunden werden. Mit zusätzlichen Abstützeinrichtungen und einzeln steuerbaren Stützzylindern sind einige Maschinen sogar in der Lage, Geländeneigungen von bis zu 25 Prozent auszugleichen.

Besonders in Innenbereichen eignen sich Maschinen mit Raupenfahrwerk, da hier oft empfindliche Böden und solche mit geringer Tragfähigkeit anzutreffen sind. Raupenfahrwerke mit Gummiketten vermeiden Abriebspuren, sodass beispielsweise auch Einsätze in Turnhallen, Einkaufshäusern und Messehallen realisiert werden können.

6.8 Auswahl der richtigen Maschine

Der Arbeitgeber darf den Beschäftigten nur geeignete Hubarbeitsbühnen zu Verfügung stellen, so eine zentrale Forderung der Betriebsicherheitsverordnung. Was so einfach klingt, ist in der Praxis nicht immer leicht zu be-

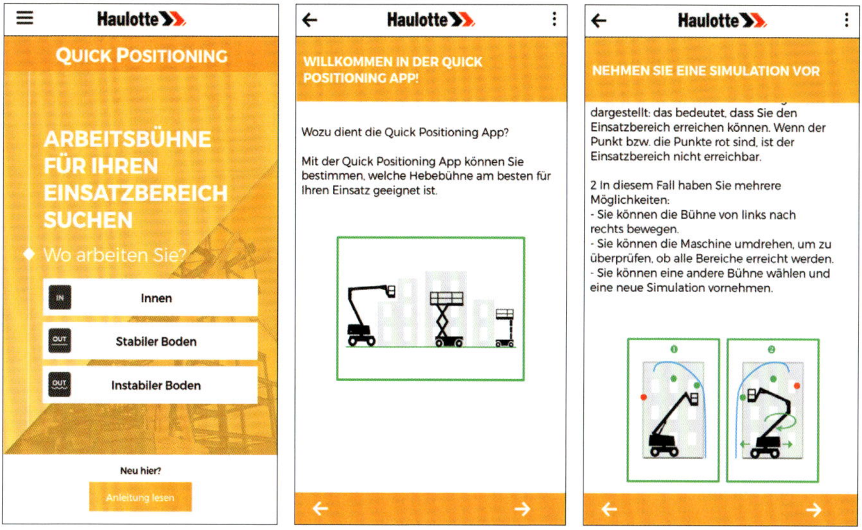

Abb. 6.12: App-Anwendung zur Auswahl der richtigen Hubarbeitsbühne

werkstelligen. Eine Schwierigkeit stellen Hindernisse am Einsatzort dar, bedingt durch Gebäudevorsprünge, Versorgungsleitungen oder Stahlträger. Daher sollte der Einsatzort und das Arbeitsumfeld möglichst vorher genau inspiziert werden. Auch die Fahrwege, ihre Tragfähigkeiten sowie die Abmessungen von Durchfahrten und so weiter sind zu berücksichtigen. Bereits wenige Fragen zeigen, wie wichtig eine sorgfältige Einsatzplanung ist.

- Welche Gerätebauart wird benötigt?
- Welches Gewicht darf die Maschine höchstens besitzen?
- Wird ein Ausleger- oder Gelenkausleger benötigt?
- Sind ein zusätzlicher Korbarm oder ein drehbarer Korb erforderlich?

Sinnvolle Praxishilfen bieten einige Hersteller durch spezielle App-Anwendungen für mobile Endgeräte (z.B. Smartphones) an. Sie ermöglicht dem Einsatzplaner, aufgrund bekannter Daten wie zum Beispiel Bodenbeschaffenheit, Gebäudehöhe, und seitliche Reichweite, die ideale Hubarbeitsbühne auszuwählen. Die Handhabung ist denkbar einfach (vgl. Abb. 6.12).

7. Sicherheitstechnische Hinweise

Im folgenden Kapitel werden grundlegende sicherheitstechnische Hinweise erläutert, die für den sicheren Einsatz von Hubarbeitsbühnen unverzichtbar sind. Hierbei werden konstruktive Grundlagen ebenso berücksichtigt wie Hinweise zur Kennzeichnung und zu den Einsatzgrenzen der Maschinen.

7.1 Mögliche Gefährdungen

Der Einsatz von Hubarbeitsbühnen ist mit vielfältigen Gefährdungen verbunden. Hierzu gehören z. B.

- Verlust der Standsicherheit der Maschine (z. B. durch eine fehlerhafte Aufstellung),
- mechanische Gefährdungen (z. B. Quetschen, Scheren),
- Anfahren von Gegenständen, Kollisionen mit anderen Fahrzeugen,
- Lärm und Vibration (z. B. durch Dieselmotoren),
- herabfallende Gegenstände (z. B. durch ungesicherte Mitnahme von Material und Werkzeug),
- Flüssigkeiten und Gase (z. B. Batteriesäure, Motorenabgase),
- Medien unter Druck (z. B. Hydraulikflüssigkeiten),
- Wärme und Kälte (z. B. Witterungseinflüsse),
- elektrischer Strom (z. B. durch elektrische Freileitungen),
- Arbeitsumgebung (z. B. im öffentlichen Verkehrsraum),
- psychische Belastungen (z. B. durch Überforderung, Zeitdruck),
- Stolpern, Rutschen, Stürzen (z. B. beim Ein- und Aussteigen).

Diese Aufzählung ist nicht abschließend und soll aufzeigen, wie weitreichend die Arbeitssicherheit negativ beeinflusst werden kann.

7.2 Schutz vor Gefahrstellen

Gefahrstellen an Hubarbeitsbühnen wie z. B. Quetsch- und Scherstellen

Abb. 7.1: Sicherung von Gefahrstellen im Arbeits- und Verkehrsbereich einer Scheren-Hubarbeitsbühne (Verkleidung)

müssen im Arbeits- und Verkehrsbereich konstruktiv vermieden oder anderweitig gesichert sein. Die Sicherung von Quetsch- und Scherstellen kann entweder durch die Einhaltung genormter Sicherheitsabstände, durch trennende Schutzeinrichtungen (Verkleidungen, Abdeckungen, Schutzgitter) oder andere gleichwertige Sicherungsmaßnahmen (z.B. Senk-Stopp-Einrichtungen) erfolgen. Nach der DIN EN 349 „Sicherheit von Maschinen – Mindestabstände zur Vermeidung des Quetschens von Körperteilen" besteht keine Quetschgefahr, wenn für die nachfolgend genannten Körperteile folgende Mindestabstände eingehalten werden:

- Körper 500 mm
- Arm und Fuß 120 mm
- Faust, Hand, Handgelenk 100 mm
- Zehen 50 mm
- Finger 25 mm

Bediener von Hubarbeitsbühnen haben die Vollständigkeit und ordnungsgemäße Befestigung der trennenden Schutzeinrichtungen sowie die Wirksamkeit anderer Sicherungsmaßnahmen arbeitstäglich zu kontrollieren (s.a. Kapitel „Tägliche Einsatzprüfung").

Konstruktionsbedingt lassen sich jedoch nicht alle Quetsch- und Scherstellen an einer Hubarbeitsbühne

Abb. 7.2: „Senk-Stopp-Einrichtung" zur Vermeidung von Verletzungen beim Absenken der Arbeitsplattform von Scheren-Hubarbeitsbühnen

verhindern. Die DIN EN 280 nennt hierfür folgende Beispiele:

- Bereiche zwischen Auslegern und deren Auflagepunkten in Transportstellung,
- Bereiche zwischen Drehgestellen und vorhanden Abstützeinrichtungen bzw. Teilen des Fahrwerkes der Maschine,
- Bereiche im Umfeld von bewegten Abstützeinrichtungen.

Sofern solche oder ähnliche Gefahrstellen vorhanden sind, müssen diese zumindest durch Warnzeichen gekennzeichnet sein. Warnzeichen sind dreieckig und besitzen eine gelbe Grundfarbe. Der Rand sowie das Bildzeichen sind schwarz.

Abb. 7.3: Warnung vor Gefahrstelle (oben) Zusatz: „Aufenthalt im Schwenkbereich verboten" (unten)

Abb. 7.4: Warnhinweis zur Quetschgefahr an einer Hubarbeitsbühne

> **Merke:** Die Warnhinweise zu Quetsch- und Scherstellen an Hubarbeitsbühnen müssen vom Bediener beachtet werden. Sie warnen vor Restgefahren, die konstruktiv nicht vermieden werden können.

Quetsch- und Scherstellen ergeben sich auch zwischen der Arbeitsbühne und dem Korb. Durch das Hinauslehnen von Personen aus dem Korb und Kontakt zu Teilen der Umgebung können schwere Quetschunfälle eintreten. Einige Hersteller bieten technische Lösungen (d.h. einen sekundären Bedienerschutz) zur Verbesserung der Sicherheit an, entweder serienmäßig oder zum Nachrüsten.

So kann das Risiko von Quetschverletzungen beispielsweise durch taktile Schaltleisten oder -stäbe verbessert werden, die bei einem Kontakt alle gefahrbringenden Bewegungen der Maschine abschalten. Zusätzlich wird meist noch ein akustisches und / oder optisches Warnsignal abgegeben, um andere Personen auf die Gefahrensituation hinzuweisen. Genauso funktioniert auch der Kontaktalarm, bei dem ein sogenanntes Aktivierungskabel oberhalb der Bedienelemente im Korb gespannt wird. Durch Auslösen des Aktivierungskabels werden alle Hub- und Fahrbewegungen deaktiviert, Warnsignale werden ausgelöst. Die Warnung bleibt so lange aktiv, bis das System durch einfaches Einstecken des Aktivierungskabels wieder zurückgesetzt wird.

> **Merke:** Das Nachrüsten von Sicherheitsbauteilen oder Einrichtungen, welche den Personenschutz verbessern helfen, sollten vom Betreiber immer mit dem Hersteller abgestimmt sein.

Abb. 7.5: Taktiler Schaltstab (oben) und Aktivierungskabel (unten) oberhalb der Bedienelemente zur Vermeidung von Quetschverletzungen im Korb

7.3 Sicherheitskennzeichnung

Neben Warnzeichen können auch Gebots- und Verbotszeichen zur Sicherheitskennzeichnung der Hubarbeitsbühnen gehören. Gebotszeichen geben dem Bediener der Hubarbeitsbühne das sicherheitsgerechte Verhalten vor. Sie sind kreisrund und besitzen eine blaue Grundfläche. Die Farbe des Bildzeichens ist weiß. Typische Gebotszeichen sind z. B. die Aufforderungen zum Tragen von persönlicher Schutzausrüstung. Vgl. hierzu die Abbildungen des Kapitels „Persönliche Schutzausrüstung (PSA)". Verbotszeichen zielen darauf ab, bestimmte Verhaltensweisen zu untersagen. Sie sind ebenfalls kreisrund und besitzen einen roten Rand mit rotem Querbalken. Die Grundfläche ist weiß, die Bildzeichen sind schwarz.

Abb. 7.6: Verbotszeichen: „Nicht in der Nähe elektrischer Freileitungen arbeiten!"

Obwohl die genannten Formen und Farben genormt sind, findet man gerade auf Hubarbeitsbühnen eine Vielzahl von Sicherheitskennzeichnungen, welche in ihrer Aussage nicht immer selbsterklärend sind. Auch aus diesem Grund sollte der Bediener die Betriebsanleitung seiner Maschine lesen, um die Bedeutung der Piktogramme kennenzulernen.

7.4 Fabrikschild

An Hubarbeitsbühnen muss dauerhaft und gut lesbar ein Fabrikschild mit folgenden Angaben angebracht sein:

- Name des Herstellers oder Lieferanten,
- Herstellungsland,
- Typenbezeichnung,
- Serien- oder Fabriknummer,
- Baujahr,
- Eigenmasse (Gewicht) [kg],
- maximale Nennlast (Tragfähigkeit) [kg],
- Aufteilung der Nennlast in zulässige Personenzahl und Zuladung [kg],
- maximal zulässige Handkraft [N],
- maximal zulässige Windgeschwindigkeit [m/s],
- maximal zulässige Schrägstellung des Untergestells in Grad [°],
- ggf. Angaben über den hydraulischen oder elektrischen Anschluss.

Firma Mustermann, D-54321 Musterstadt

Typ	HB-22.1	Fabrik-Nr.	22341	Baujahr	2020

Eigengewicht	3.300 kg	Windgeschwindigkeit	max. 12 m/s
Tragfähigkeit	200 kg	Neigung max.	2 Grad
Personenzahl	2	Fremdenergie:	
Zuladung max.	40 kg	Hydraulik max.	--- bar
Handkraft max.	400 N	Elektro-Anschluss	230 Volt

Abb. 7.7: Fabrikschild einer Hubarbeitsbühne

7.5 Abstützeinrichtungen

Kraftbetriebene Abstützungen von Hubarbeitsbühnen müssen

- durch den Bediener von der Steuerstelle aus beobachtet werden können,
- je nach Stützbasis (vgl. Abb. 7.9 bis 7.12) das Betreiben der Arbeitsbühne nur im zulässigen Arbeitsbereich ermöglichen,
- verriegelt sein, solange sich die Arbeitsbühne in angehobener Stellung befindet.

Die Stützteller von kraft- und handbetriebenen Abstützungen müssen Bodenunebenheiten von mindestens 10 Grad ausgleichen können. Im Kapitel „Standsicherheit“ wird die standsichere Aufstellung von Hubarbeitsbühnen ausführlich beschrieben.

Lkw-Hubarbeitsbühnen können über vertikal- oder schrägwirkende Abstützeinrichtungen verfügen. Je nach Hersteller sind zudem unterschiedliche Stützvarianten möglich.

Abb. 7.8: Vertikale Abstützeinrichtung einer Lkw-Hubarbeitsbühne

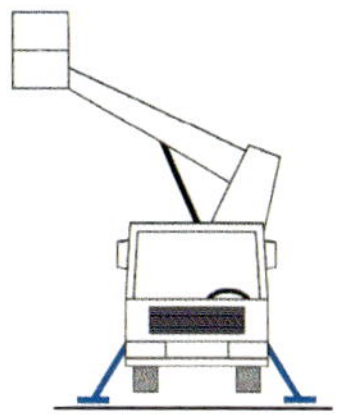

Abb. 7.9:
Schräge Abstützung, volle Stützbasis

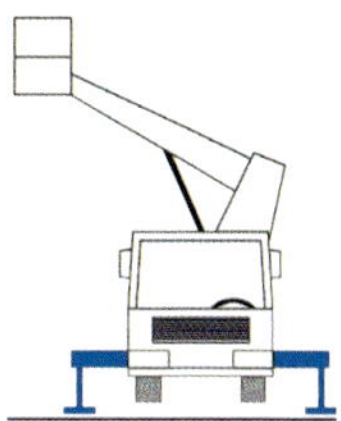

Abb. 7.10:
Vertikale Abstützung, volle Stützbasis

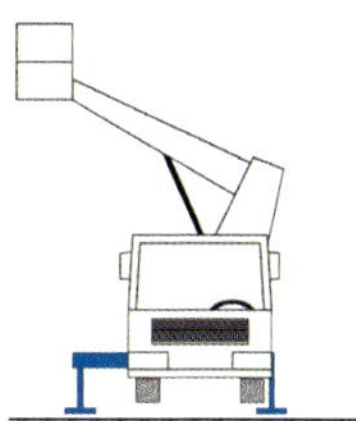

Abb. 7.11:
Vertikale Abstützung, einseitig eingeschränkte Stützbasis

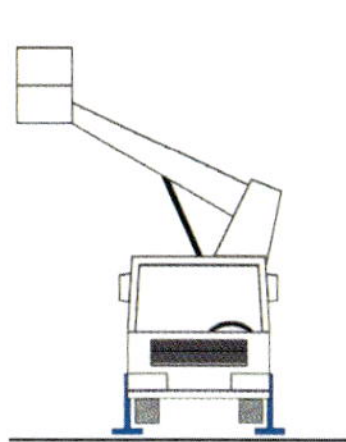

Abb. 7.12:
Vertikale Abstützung, schmale Stützbasis

7.6 Steuereinrichtungen

Für die Fahr- und Arbeitsbewegungen werden handbetätigte Stellhebel, Drucktaster und Joysticks sowie Fußtaster verwendet. Diese Steuereinrichtungen müssen so angeordnet sein, dass Personen durch bewegte Maschinenteile nicht gefährdet werden. Außerdem müssen Steuereinrichtungen folgende Anforderungen erfüllen:

- Schutz gegen unbeabsichtigtes Betätigen,
- Steuerung ohne Selbsthaltung („Totmannschaltung"),
- eindeutige Kennzeichnung durch Beschriftung oder Symbole,
- sinnfällige Funktionsweise,
- Verriegelung der Fahrbewegungen gegenüber sonstigen Bewegungen,
- gegenseitige Verriegelung bei mehreren Steuerstellen.

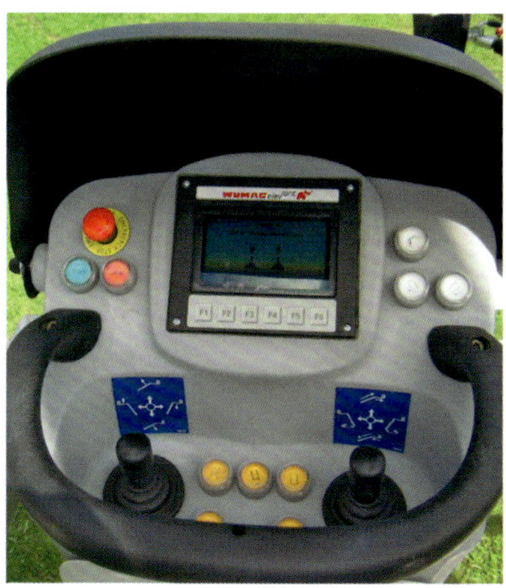

Abb. 7.13: Bedienpult einer LKW-Hubarbeitsbühne

Abb. 7.14: Stellhebel mit Schutzbügel gegen unbeabsichtigte Betätigung

Abb. 7.15: Fußtaster mit Schutzhaube gegen unbeabsichtigtes Betätigen

7.7 Hydraulische Einrichtungen

Hubarbeitsbühnen müssen u.a. mit folgenden hydraulischen Einrichtungen ausgerüstet sein:

- nur durch Werkzeug verstellbare Druckbegrenzungsventile (DBV),
- selbsttätig wirkende Lasthalteventile (entsperrbare Rückschlagventile) zur Vermeidung von unbeabsichtigten Bewegungen der Arbeitsbühne, z. B. bei Schlauchbruch,
- geeigneten Abdeckungen oder Umhüllungen von Hydraulikschlauchleitungen im Bereich von Steuereinrichtungen,
- Füllstandsanzeigern für den Mindest- und Höchststand der Hydraulikflüssigkeit.

Den prinzipiellen Aufbau der hydraulischen Anlage einer Hubarbeitsbühne zeigt die Abb. 7.18. Das 3/3-Wegeventil ermöglicht drei Schaltstellungen. In der Stellung „0" (Neutral) ist kein Öldurchfluss durch das Ventil möglich. Das Hydrauliköl wird von der Pumpe aus unmittelbar über den

Abb. 7.16: Lasthalteventil am Hubarmzylinder einer Hubarbeitsbühne

Abb. 7.17: Hydrauliköltank mit Füllstandsanzeiger (Peilstab) und Öl-Temperatur-Anzeige

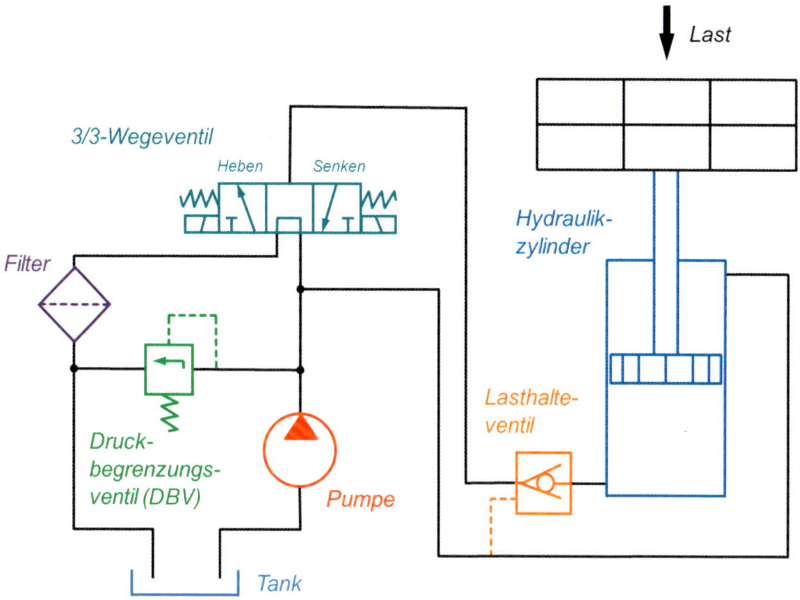

Abb. 7.18: Schematischer Aufbau der hydraulischen Anlage einer einfachen Hubarbeitsbühne

Filter in den Tank zurückbefördert. **Die Arbeitsbühne befindet sich in Ruheposition,** da ein Absinken der Last tragenden Arbeitsbühne durch das Lasthalteventil verhindert wird.

In der Schaltstellung „Heben" erfolgt der Öldurchfluss über das 3/3-Wegeventil auf die Kolbenseite des Zylinders. Der Rückfluss des Öls von der Stangenseite des Zylinders erfolgt über das DBV zum Tank. **Die Arbeitsbühne wird angehoben.**

In der Schaltstellung „Senken" gelangt das Öl von der Pumpe aus auf die Stangenseite des Zylinders. Durch die Druckbeaufschlagung der Steuerleitung des Lasthalteventils wird dieses geöffnet, sodass der Rückfluss des Öls von der Kolbenseite über das 3/3-Wegeventil und den Filter zum Tank gewährleistet wird. **Die Arbeitsbühne wird abgesenkt.**

7.8 Elektrische Einrichtungen

Elektrische Einrichtungen von Hubarbeitsbühnen müssen den einschlägigen europäischen Normen entsprechen. Elektrische Einrichtungen an Hubarbeitsbühnen sind unter anderem:

- abschließbare Hauptschalter zum Schutz vor unbeabsichtigter Benutzung,
- abgedeckte Polanschlüsse von Batterien,
- Batterietrennschalter zur Unterbrechung der Stromversorgung beim Laden,
- bewegliche, feingliedrige und ölbeständige Elektrokabel.

Abb. 7.19: Berührungsschutz durch Polabdeckungen

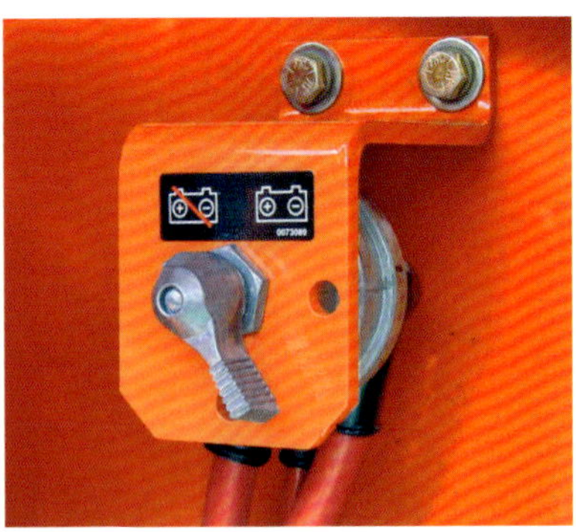

Abb. 7.20: Batterietrennschalter zur Unterbrechung der Stromversorgung beim Laden einer Hubarbeitsbühne

7.9 Not-Aus-Funktionen und Notsteuerung

An jeder Steuerstelle einer Hubarbeitsbühne muss ein Not-Aus-Schalter vorhanden sein, der im Gefahrfall die Energiezufuhr der gefahrbringenden Bewegung unterbricht. Not-Aus-Schalter müssen gut zugänglich und auffällig gekennzeichnet sein.

Bei Ausfall der Hauptantriebsenergie muss die Arbeitsbühne durch eine übergeordnete Notsteuerung herabgelassen werden können. Die Funktion der Notsteuerung kann durch eine hydraulische Handpumpe (vgl. Abb. 7.22), ein Notablassventil am Fahrwerk oder durch eine zweite Energieversorgung realisiert werden. Die Ausbildung des Bedieners muss die Bedienung der Notsteuerung miteinschließen. Bei der Bedienung der Notsteuerung ist die Lastmomentbegrenzung (LMB) der Maschine nicht aktiv. Bei Fehlbedienung kann die Hubarbeitsbühne daher umkippen.

> **Merke:** Der Bediener und mindestens eine zweite Person vor Ort müssen die Funktionsweise der Notsteuerung kennen, damit im Gefahrenfall Erste-Hilfe-Maßnahmen möglich sind.

> **Anmerkung:** Die zweite Person muss nicht zwingend einen Befähigungsnachweis für Hubarbeitsbühnen besitzen.

Abb. 7.21: Not-Aus-Schalter

7.10 Arbeitsbühnen

Arbeitsbühnen (Korb, Plattform) müssen mindestens mit einer 1,10 m hohen, seitlichen Umwehrung, bestehend aus Handlauf, Knie- und Fußleiste, ausgerüstet sein. Die Fußleiste verhindert das Herabfallen von Kleinteilen aus der Arbeitsbühne. Durch Parallelführung darf sich die Arbeitsbühne im Normalbetrieb um höchstens 5 Grad gegen die Horizontale neigen. Türen und vergleichbare Einrichtungen müssen nach innen aufschlagen und selbstschließend sein.

Abb. 7.22: Notsteuerung, hier: hydraulische Handpumpe

Abb. 7.23: Plattform, in Längsrichtung ausziehbar

Die Standfläche für Personen muss rutschhemmend ausgeführt sein (z. B. Riffelblech oder Streckgitter). Regenwasser muss abfließen können. Zum sicheren Ein- und Aussteigen von Personen müssen rutschhemmende Sprossen oder Stufen sowie geeignete Haltemöglichkeiten vorhanden sein.

Abb. 7.24: Arbeitskorb mit geeigneten Einstiegshilfen

Abb. 7.25: Halteöse an einer Arbeitsbühne

An Arbeitsbühnen, die auf Grundlage der DIN EN 280 hergestellt sind, müssen Anschlagpunkte zum Anbringen persönlicher Schutzausrüstung gegen Absturz vorhanden sein. Nach Neuerscheinung der DIN EN 280 im Oktober 2022 muss die Festigkeit der Anschlagpunkte mindestens 6 kN (kilo-Newton) betragen. Dies entspricht einer Gewichtskraft von 600 kg. Früher waren es 3 kN. Sofern keine Anschlagpunkte mit der statischen Festigkeitsanforderung vorhanden sind, sollte eine Nachrüstung auf Grundlage der Gefährdungsbeurteilung geprüft werden.

7.11 Arbeitsbereich einer Hubarbeitsbühne

Als Arbeitsbereich wird der Raum bezeichnet, in dem sich die Hubarbeitsbühne unter normalen Bedingungen bewegen kann. Die grafische Darstellung des Arbeitsbereiches erfolgt durch das sogenannte Arbeitsdiagramm. Im Arbeitsdiagramm kann die mögliche Arbeitshöhe sowie die seitliche Reichweite der Hubarbeitsbühne abgelesen werden (vgl. Abb. 7.26). Hubarbeitsbühnen können in Abhängigkeit ihrer Korblast und / oder ihrer Abstützvariante über mehrere Arbeitsbereiche verfügen.

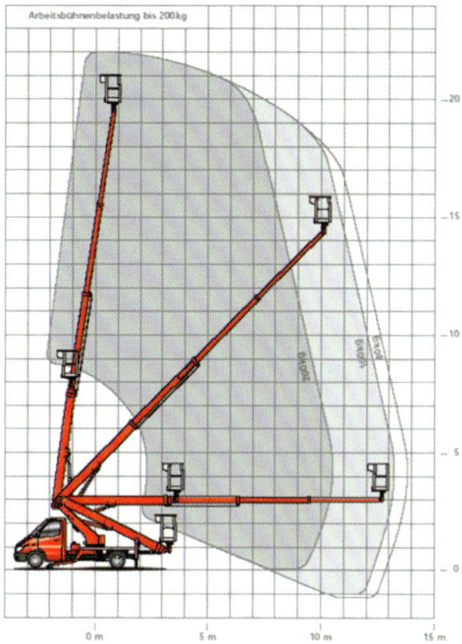

Abb 7.26: Darstellung der Arbeitsbereiche einer Hubarbeitsbühne

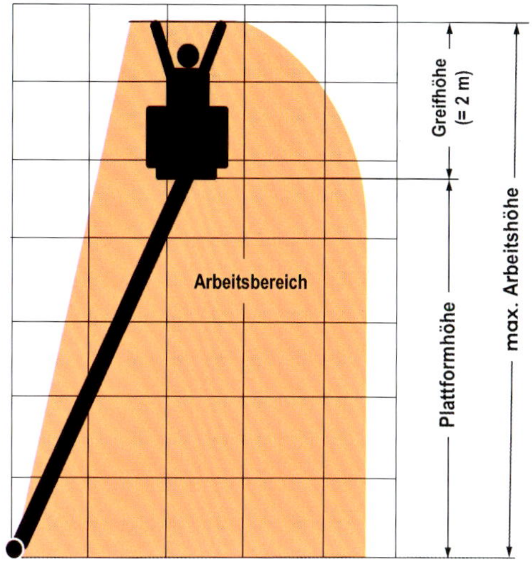

Abb. 7.27: Berechnung der max. Arbeitshöhe einer Hubarbeitsbühne

Zu beachten ist, dass es sich bei den Angaben zur Arbeitshöhe sowie zur seitlichen Reichweite um absolute Maximalwerte handelt. Eine Hubarbeitsbühne mit einer vom Hersteller bzw. Vermieter angegebenen Arbeitshöhe von 16 m erreicht tatsächlich nur eine Plattformhöhe von 14 m. Rechnet man nun die „Greifhöhe" einer erwachsenen Person mit 2 m dazu, ergibt sich die genannte max. Arbeitshöhe (vgl. Abb. 7.27).

Dies ist bei der Auswahl der Maschine unbedingt zu berücksichtigen. Nur so können sicherheitswidrige Handlungen wie z. B. das Aufsteigen auf die Umwehrung der Arbeitsbühne oder die Benutzung von Leitern innerhalb der Arbeitsbühne unterbunden werden. Es ist in jedem Fall ratsam, hinsichtlich der Arbeitshöhe bzw. der Reichweite die nächstgrößere Maschine einzusetzen. Dies gibt eine gewisse Sicherheitsreserve bei der Durchführung der geplanten Arbeiten.

Merke: Für die Praxis empfiehlt es sich bei der Bemessung der tatsächlichen Arbeitshöhe einen Zuschlag von etwa 5 m zu berücksichtigen (Sicherheitsreserve)!

8. Betrieb und Umgang

Zum sicheren Betrieb einer Hubarbeitsbühne gehören umsichtiges Handeln und gegenseitige Rücksichtnahme. Der Bediener darf die Hubarbeitsbühne nur bestimmungsgemäß benutzen.

8.1 Bestimmungsgemäße Benutzung

Die bestimmungsgemäße Benutzung ist der Betriebsanleitung des Herstellers zu entnehmen. Hierin wird genau beschrieben, welche Arbeitsweisen zulässig sind und wo die Einsatzgrenzen der Maschine liegen. Die Betriebsanleitung ist an der Maschine mitzuführen. Der Bediener muss die Betriebsanleitung lesen, verstanden haben und danach handeln.

Darüber hinaus muss der Bediener die betrieblichen Festlegungen zum Arbeitsschutz kennen und beachten. Diese werden vom Unternehmer in Form einer Betriebsanweisung festgelegt. Anhand der Betriebsanweisung sind die Mitarbeiter regelmäßig, mindestens jedoch jährlich, zu unterweisen.

8.2 Fahr- und Arbeitsbewegungen

Um Gefährdungen durch mangelhafte Abstimmung und Missverständnis-

Abb. 8.1: Die Betriebsanleitung des Herstellers ist an der Maschine mitzuführen.

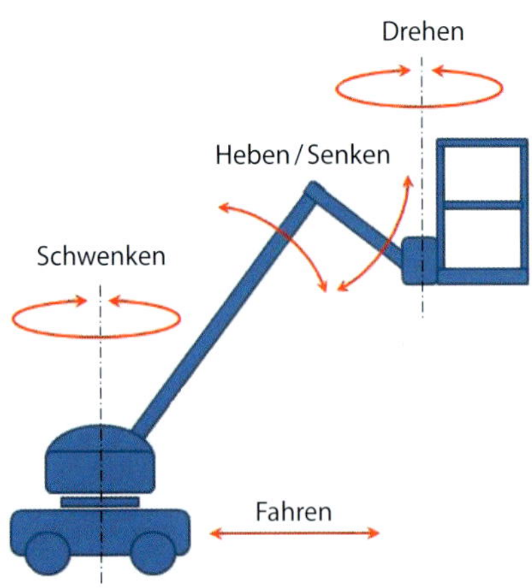

Abb. 8.2: Fahr- und Arbeitsbewegungen

se zu vermeiden, ist ein einheitlicher Sprachgebrauch für die Bewegungen von Hubarbeitsbühnen erforderlich. Die DIN EN 280 definiert folgende Fahr- und Arbeitsbewegungen: Heben/Senken, Fahren, Drehen und Schwenken (vgl. Abb. 8.2). Ein qualifizierter Bediener zeichnet sich dadurch aus, dass er diese Definitionen kennt und entsprechend verwendet.

8.3 Tägliche Einsatzprüfung

Vor der täglichen Inbetriebnahme hat der Bediener die Maschine auf mögliche Schäden zu kontrollieren. Die tägliche Einsatzprüfung des Bedieners ist eine Sicht- und Funktionsprüfung und umfasst die Kontrolle des ordnungsgemäßen Zustandes von Fahrwerk, Steuereinrichtungen, Hubeinrichtung und Arbeitsbühne. Eine Hilfe zur Kontrolle des Maschinenzustandes stellen die 4 x 4 Merkregeln für die tägliche Einsatzprüfung von Hubarbeitsbühnen dar (vgl. Abb. 8.3).

Sofern der Bediener Mängel bei der Einsatzprüfung feststellt, hat er den zuständigen Vorgesetzten zu informieren. Dieser hat über die weitere Vorgehensweise (z. B. sofortige Reparatur, Austausch der Maschine) zu befinden. In keinem Fall darf mit einer beschädigten oder fehlerhaften Hubarbeitsbühne weitergearbeitet werden. Auch das eigene behelfsmäßige Reparieren der Maschine durch den Bediener ist unzulässig. Die Reparatur der Maschine darf nur durch fachkundiges Personal (z. B. Hersteller, Fachwerkstätten) erfolgen.

> **Merke:** Der gewissenhafte Bediener arbeitet nur mit einer technisch einwandfreien Hubarbeitsbühne. Bei Schäden an der Maschine stellt er die Arbeiten sofort ein.

4 x 4 Merkregeln

für die tägliche Einsatzprüfung von Hubarbeitsbühnen

1 Fahrwerk (mit/ohne Stützen)
1. Nivelliereinrichtung ohne Schäden und ablesbar
2. Stützen und Räder sind ordnungsgemäß
3. Kennzeichnung der Stützkräfte vorhanden
4. Unterlegplatten vorhanden und geeignet

2 Steuereinrichtungen
1. Eindeutige Kennzeichnung vorhanden
2. Zustand und Funktion einwandfrei
3. Not-Halt-Schalter und Notablass funktionieren
4. Hinweise zur Bedienung des Notablass vorhanden

3 Hubeinrichtung
1. Tragkonstruktion ohne sichtbare Beschädigungen
2. Gängigkeit von Führungen, Gelenken und Teleskopen
3. Hydraulische Einrichtungen ohne Leckagen
4. Schraubverbindungen fest und korrosionsfrei

4 Arbeitskorb/-plattform
1. Hinweise zur Nennlast und Bedienung vorhanden
2. Aufstiege trittsicher begehbar und mängelfrei
3. Umwehrung stabil und ohne Beschädigungen
4. Türen und Einstiege verriegeln selbsttätig

Mängel an der Maschine sofort dem Vorgesetzten melden!

3. Auflage 2021 © 2009 Resch-Verlag, Dr. Ingo Resch GmbH, Maria-Eich-Straße 77, D-82166 Gräfelfing

Abb. 8.3: Merkregeln für die tägliche Einsatzprüfung, Resch-Verlag

Abb. 8.4: Versetzfahrt mit einem Schienenfahrzeug

8.4 Versetzfahrten

Müssen größere Wegstrecken zum Einsatzort zurückgelegt werden, so ist die Arbeitsbühne zum Fahren vorher in ihre Grundstellung zu bringen. Hinweise hierzu sind der jeweiligen Betriebsanleitung zu entnehmen. Sollte die Maschine dennoch mit angehobener Arbeitsbühne verfahren werden müssen, ist das nur als Versetzfahrt zulässig. Für Versetzfahrten gelten reduzierte Fahrgeschwindigkeiten. Diese betragen für Schienenfahrzeuge maximal 3 m / s (ca. 11 km / h) und für alle anderen Hubarbeitsbühnen 1,6 m / s (ca. 6 km / h).

Für das Arbeiten an Fahrleitungsanlagen gelten besondere Bestimmungen. Hier werden sogenannte „Zwei-Wege-Fahrzeuge" eingesetzt, mit denen gleichzeitig Fahr- und Arbeitsbewegungen ausgeführt werden können. Da die Hubarbeitsbühne in der Regel von zwei Steuerstellen (Fahrwerk, Arbeitsbühne) aus bedient wird, sind zusätzlich Schutzmaßnahmen erforderlich:

- die Arbeiten müssen von einem Aufsichtsführenden vor Ort überwacht werden,
- der Aufsichtsführende muss weisungsbefugt sein,
- die seitliche Reichweite der Maschine darf maximal 5 m betragen,
- Aufsichtsführender und Bediener müssen sich gegenseitig verständigen können (z. B. mittels Sprechfunk).

> **Merke:** Das Verfahren von Hubarbeitsbühnen mit angehobener Arbeitsbühne setzt geeignete Maschinen voraus und ist nur als Versetzfahrt zulässig.

8.5 Aus- und Einsteigen bei angehobener Arbeitsbühne

Hubarbeitsbühnen werden häufig als Aufstiegshilfe benutzt, um auf Gebäude oder Stahlkonstruktionen überzusteigen. Der Grund dafür ist offensichtlich: Der Aufbau eines Gerüstes für einen kurzfristigen Aufstieg ist sehr aufwändig und damit oft unwirtschaftlich.

Dennoch ist das Aus- und Einsteigen mit angehobener Arbeitsbühne laut Betriebsanleitung der meisten Hersteller grundsätzlich nicht zulässig, da die Konstruktion der Hubarbeitsbühne auf Basis der DIN EN 280 die dabei auftretenden Kräfte und Gefährdungen nicht berücksichtigt.

Dem Bediener sind diese Rechtslage und die mit dem Aus- und Einsteigen verbundenen Gefahren häufig nicht bewusst. Daher ist das Aus- und Einsteigen oft Ursache für folgenschwere Absturzunfälle (s. Abb. 8.6).

Folgende Gefahren ergeben sich beim Aus- und Einsteigen von Perso-

Abb. 8.5: Das Aus- und Einsteigen von Personen bei angehobener Arbeitsbühne ist lebensgefährlich!

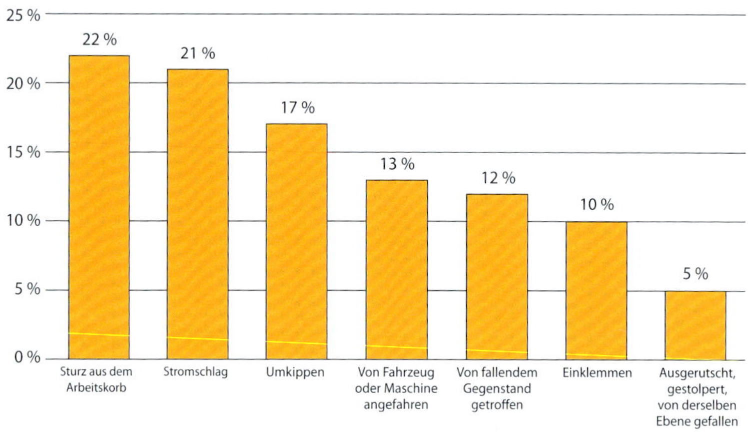

Abb. 8.6: Tödliche Arbeitsunfälle mit Hubarbeitsbühnen weltweit, 2021 (Quelle: IPAF)

nen in angehobener Stellung der Arbeitsbühne:

- Umsturzgefahr durch unzulässige hohe Seitenkräfte,
- Gefahr des Herausschleuderns (Peitscheneffekt) durch ungewolltes Verhaken der Konstruktion und schlagartiges Freiwerden der Maschine,
- Quetschgefahr durch mögliche Schwingbewegungen der Hubeinrichtung (Aufschaukeln),
- Absturzgefahr, da der sichere Arbeitsplatz der Arbeitsbühne verlassen wird.

Merke: Das Aus- und Einsteigen aus einer Hubarbeitsbühne mit angehobener Arbeitsbühne ist gefährlich und deshalb grundsätzlich verboten. Die Arbeitsbühne ist ein Arbeitsplatz. Sie ist kein Kran, kein Aufzug und kein Aufstiegmittel.

Trotzdem kann es für einzelne kurzzeitige Montagevorgänge (die das Aus- und Einsteigen unverzichtbar machen) sinnvoll sein, eine Hubarbeitsbühne als Aufstiegshilfe einzusetzen.

Nun besteht ein Konflikt zwischen den Vorgaben des Herstellers einerseits und dem Bedarf in der Praxis andererseits. Die DGUV Information 208-019 „Sicherer Umgang mit fahrbaren Hubarbeitsbühnen" lässt für solche Fälle eine Ausnahme zu, wenn der Einsatz anderer Sicherungsmaßnahmen technisch nicht möglich ist oder ein höheres Absturzrisiko bedeuten würde. Dieser Einzelfall muss unter Berücksichtigung der nun zusätzlich vorhandenen Gefahren innerhalb einer speziellen Gefährdungsbeurteilung schriftlich begründet werden. Die Gefährdungsbeurteilung muss am Einsatzort eingesehen werden können.

Die Checkliste „Aus- und Einsteigen bei angehobener Arbeitsbühne“ auf Seite 79 ff. dient als Orientierungshilfe für notwendige Mindest-Ersatzmaßnahmen.

> **Merke:** Das Aus- und Einsteigen in der Höhe ist nur im Ausnahmefall unter ganz bestimmten Voraussetzungen und bei Einhaltung besonderer Bedingungen (Ersatzmaßnahmen) zulässig.

8.6 Wirkung von Lasten und Kräften

Die Nennlast (Tragfähigkeit) der Hubarbeitsbühne darf niemals überschritten werden. Überlast kann zur dauerhaften Beschädigung oder zum Umsturz der Maschine führen. Die Angaben zur Nennlast sind der Kennzeichnung an der Arbeitsbühne oder dem Fabrikschild zu entnehmen. Werden Werkzeug und Material in der Arbeitsbühne mitgeführt, ist dieses gleichmäßig zu verteilen und gegen Herabfallen zu sichern.

Durch Einwirken von unzulässigen horizontalen Seitenkräften auf die angehobene Arbeitsbühne besteht ebenfalls Umsturzgefahr. Die maximalen Seitenkräfte betragen bei den meisten Hubarbeitsbühnen 400 N (Newton). Dies entspricht einer Gewichtskraft von ca. 40 kg. Seitenkräfte können z. B. durch das Arbeiten mit Handwerkzeugen (Bohrmaschinen etc.) entstehen und als Reaktionskraft auf die Arbeitsbühne zurück wirken.

> **Merke:** Die Nennlast der Arbeitsbühne sowie die maximal zulässigen Seitenkräfte dürfen nicht überschritten werden.

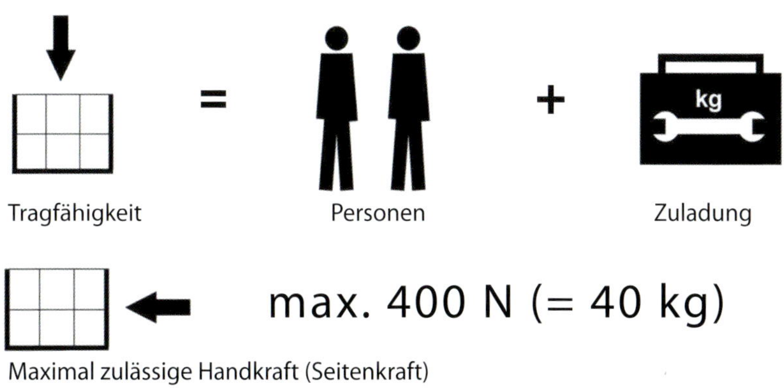

Abb. 8.7: Kennzeichnung der zulässigen Lasten und Kräfte an einer Hubarbeitsbühne

Abb. 8.8: Achtung, die Halteöse ist kein Kranhaken!

Die Halteöse für die PSA gegen Absturz darf keinesfalls zum Anschlagen von Lasten missbraucht werden, da die Konstruktion der Hubarbeitsbühne hierfür nicht ausgelegt ist. Bei Missachtung dieser Verhaltensregel kann es zu schlimmen Unfällen kommen (z. B. Lastabsturz durch Abriss der Halteöse, Umsturz der Maschine, Schäden an der Hubeinrichtung).

8.7 Übernahme von Lasten

Eine besondere Gefährdung stellt die Übernahme von schweren Lasten in die angehobene Arbeitsbühne dar. Trotz Einhaltung der maximal zulässigen Tragfähigkeit kann es durch die Übernahme von schweren Lasten – insbesondere bei einer großen seitlichen Reichweite – zum Umsturz der Maschine kommen. Grund hierfür ist, dass die plötzliche Zuladung zu einer Erhöhung des Lastmomentes führt. Die Lastmomentbegrenzung (LMR) der Maschine ist bei dieser kritischen Situation nicht wirksam, was schlimme Folgen haben kann.

Merke: Die Übernahme von Lasten ist nur zulässig, wenn das Lastgewicht bekannt ist und die Übernahme durch Vergleich mit dem Tragfähigkeitsdiagramm der Maschine zuvor abgestimmt wurde.

8.8 Verkehrswege

Hubarbeitsbühnen dürfen nur auf geeigneten Verkehrswegen (u. a. frei von Hindernissen) verfahren werden. Der Untergrund in Gebäuden und auf Baustellen muss das Gewicht der Maschine sowie die einzelnen Radlasten sicher aufnehmen können. Verfüllte Baugruben stellen eine erhebliche Gefahr dar, wenn diese zuvor nicht ordnungsgemäß verdichtet wurden. Außerdem kann die Tragfähigkeit von Verkehrswegen im Freien durch die örtlichen Witterungsverhältnisse (starker, lang anhaltender Regen, Tauwetter nach einer Frostperiode) negativ beeinflusst werden.

Werden andere mobile Arbeitsmittel wie Radlader, Gabelstapler usw. im Arbeits- und Verkehrsbereich der Hubarbeitsbühne betrieben, so ist eine Kollision durch geeignete Absperrungen oder betriebliche Verkehrsregelungen zu vermeiden. Ist der Fahr- und Arbeitsbereich der Maschine nicht mehr einsehbar, so hat der Bediener die Hubarbeitsbühnen sofort zu stoppen. Sofern möglich, sind die Hindernisse aus dem Arbeitsbereich

Abb. 8.9: Vorsicht bei Änderung der Witterungsverhältnisse (im Laufe des Tages aufgetauter Untergrund)

Abb. 8.10: Handzeichen für Einweiser von Hubarbeitsbühnen

zu entfernen. Bei eingeschränkter Sicht oder beengten Verkehrswegen hat sich der Bediener durch einen Einweiser zu unterstützen, d. h. einweisen zu lassen. Der Einweiser darf während seiner Tätigkeit nicht abgelenkt sein und muss die bekannten Handzeichen nach der DGUV Vorschrift 70 „Fahrzeuge“ kennen und anwenden.

8.9 Bodenöffnungen und Vertiefungen

Bodenöffnungen und Vertiefungen auf Baustellen sind ebenfalls abzusperren, damit ein ungewolltes Hineinfahren mit der Hubarbeitsbühne nicht erfolgen kann. Ansonsten droht Umsturzgefahr. Werden zur Absicherung von Bodenöffnungen und Vertiefungen Abdeckungen benutzt, dürfen diese nicht verschiebbar sein.

Abb. 8.11 a + b: Achtung ...

... gefährliche Abdeckung!

Die Abdeckungen müssen den zu erwartenden Belastungen Stand halten. Sicherheitshalber sind Bodenabdeckungen nur mit abgesenkter Arbeitsbühne zu überfahren.

Merke: Das Hineinfahren in Bodenöffnungen und Vertiefungen kann zum Umsturz der Maschine führen. Daher sind diese in geeigneter Weise abzusperren oder abzudecken.

8.10 Baugruben und Gräben

Abb. 8.12: Gefahr durch Böschungsbruch

Beim Arbeiten mit Hubarbeitsbühnen in der Nähe von Baugruben und Gräben besteht die Gefahr, dass die Maschine infolge eines Böschungsbruches umstürzen kann. Deshalb sind mindestens folgende Schutzabstände (S) zu geböschten Baugruben und Gräben einzuhalten:

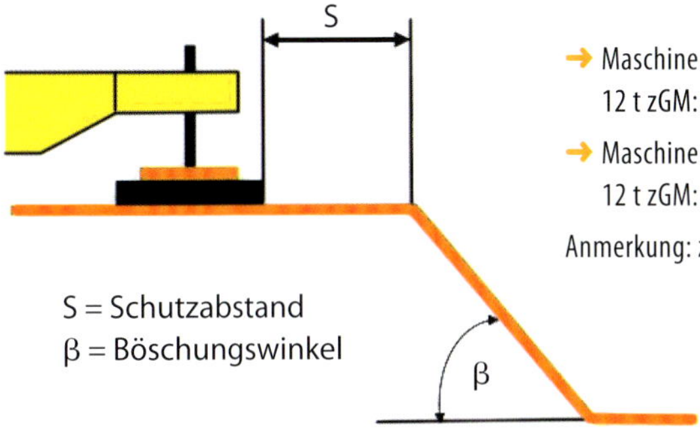

- Maschinen bis 12 t zGM: S = 1 m
- Maschinen größer 12 t zGM: S = 2 m

Anmerkung: zGM = zulässige Gesamtmasse

Abb. 8.13: Schutzabstand zu Baugruben und Gräben

Ferner dürfen folgende Böschungswinkel (β) ohne rechnerischen Nachweis nach DIN 4124 „Baugruben und Gräben; Böschungen, Arbeitsraumbreiten, Verbau“ nicht überschritten werden:

- nicht bindige / weiche bindige Böden: β = 45°
- steife / halbfeste bindige Böden: β = 60°
- felsige Böden: β = 80°

Bei Baugruben und Gräben mit waagerechtem Normverbau betragen die Sicherheitsabstände mindestens:

- Maschinen bis 12 t zGM: S = 0,6 m
- Maschinen größer 12 t zGM: S = 1,0 m

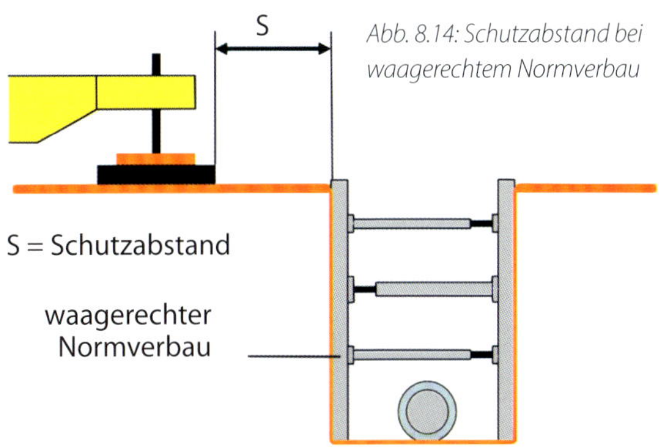

Abb. 8.14: Schutzabstand bei waagerechtem Normverbau

Merke: Beim Arbeiten in der Nähe zu Baugruben und Gräben sind ausreichende Schutzabstände einzuhalten. Ansonsten besteht Umsturzgefahr aufgrund eines Böschungsbruchs!

8.11 Witterungsverhältnisse

Extreme Witterungsverhältnisse können die Sicherheit beim Arbeiten mit Hubarbeitsbühnen beeinträchtigen. Starker Regen und Tauwetter können den Untergrund aufweichen. Bei einem aufkommenden oder bestehenden Gewitter besteht die Gefahr durch Blitzschlag. Starker Wind kann außerdem zum Umsturz der Maschine führen. Die maximal zulässige Windgeschwindigkeit, bei der die Hubarbeitsbühne noch betrieben werden darf, ist je nach Maschine unterschiedlich. Viele Maschinen, die für den Außeneinsatz gebaut wurden, dürfen bis zu einer Windgeschwindigkeit von ca. 12,5 m/s (Windstärke 6) noch betrieben werden. Andere Hubarbeitsbühnen hingegen sind nur für das Arbeiten in Innenräumen zugelassen. Hinweise zur maximal zulässigen Windgeschwindigkeit sind der Betriebsanleitung oder dem Fabrikschild zu entnehmen.

Die Auswirkungen von verschiedenen Windeinwirkungen sind der sogenannten Beaufort-Skala zu entnehmen (vgl. Abb. 8.15). Diese Werte gelten als Orientierung und beziehen sich auf eine Höhe von 10 m über Grund. Mit zunehmender Arbeitshöhe nimmt die Windgeschwindigkeit jedoch zu. Deshalb ist es sinnvoll die Windgeschwindigkeit mit einem Windmesser zu ermitteln. Außerdem ist zu beachten, dass die Windgeschwindigkeit z. B. zwischen Gebäuden oder auf Brücken größer sein kann, als in windgeschützten Bereichen. Das Vergrößern der Windangriffsfläche (z. B. durch Anbringen von Werbebannern) ist unzulässig, da die Windlast hierdurch steigt und die Standsicherheit der Hubarbeitsbühne negativ beeinflusst werden kann.

Merke: Beim Betrieb von Hubarbeitsbühnen im Freien sind die Windgeschwindigkeiten am Einsatzort zu berücksichtigen.

Abb. 8.15: Hubarbeitsbühneneinsatz in Kombination mit einem Fahrzeugkran bei heranziehendem Unwetter

Windstärke		Windgeschwindigkeit		Auswirkung des Windes im Binnenland
Beaufortgrad	Bezeichnung	m / sec	km / h	
0	Windstille/ Flaute	0 bis 0,2	1	Keine Luftbewegung, Rauch steigt lotrecht empor
1	leiser Zug	0,3 bis 1,5	1 bis 5	Kaum merklich, Windrichtung wird nur durch Zug des Rauches angezeigt, aber nicht durch Windfahnen
2	leichte Brise	1,6 bis 3,3	6 bis 11	Wind im Gesicht spürbar, Blätter rascheln
3	schwache Brise	3,4 bis 5,4	12 bis 19	Wimpel werden gestreckt, Blätter und dünne Zweige bewegen sich
4	mäßige Brise	5,5 bis 7,9	20 bis 28	Zweige und dünnere Äste bewegen sich, Staub und loses Papier werden vom Boden gehoben
5	frische Brise	8 bis 10,7	29 bis 38	Kleinere Laubbäume beginnen zu schwanken
6	starker Wind	10,8 bis 13,8	39 bis 49	Starke Äste bewegen sich, hörbares Pfeifen an Drahtseilen / Überlandleitungen
7	steifer Wind	13,9 bis 17,1	50 bis 61	Große Bäume schwanken, fühlbare Hemmung beim Gehen gegen den Wind
8	stürmischer Wind	17,2 bis 20,7	62 bis 74	Zweige brechen von den Bäumen, Gehen im Freien erheblich erschwert
9	Sturm	20,8 bis 24,4	75 bis 88	Kleinere Schäden an Häusern (Dachziegel und Rauchhauben werden von den Dächern gehoben), beim Gehen im Freien erhebliche Behinderung
10	schwerer Sturm	24,5 bis 28,4	89 bis 102	Bäume werden entwurzelt, bedeutende Schäden an Häusern
11	orkanartiger Sturm	28,5 bis 32,6	103 bis 117	Heftige Böen, schwere Sturmschäden, Dächer werden abgedeckt, Gehen im Freien ist unmöglich
12	Orkan	32,7 bis 36,9	118 bis 133	Schwerste Sturmschäden und Verwüstungen

Abb. 8.16: Beaufort-Skala

8.12 Öffentlicher Verkehrsraum

Häufig werden Hubarbeitsbühnen im öffentlichen Verkehrsraum, z. B. bei der Wartung und Reparatur von Lichtsignalanlagen, eingesetzt. Hierdurch werden Situationen geschaffen, die zu Gefährdungen des Bedieners und anderer Verkehrsteilnehmer führen können. Die häufigste Ursache für Unfälle mit Hubarbeitsbühnen im öffentlichen Verkehrsraum ist die Kollision mit anderen Fahrzeugen. Durch das Anfahren der Hubarbeitsbühne wird die Aufprallenergie auf das Auslegersystem der Maschine übertragen und der u. U. ungesicherte Bediener aus der Arbeitsbühne herausgeschleudert. Um solche und andere Unfälle zu vermeiden, sind zusätzliche Sicherungsmaßnahmen erforderlich.

Vor Beginn der Arbeiten ist die zuständige Straßenverkehrsbehörde zu informieren und eine verkehrsrechtliche Anordnung (Genehmigung) einzuholen. Die Behörde teilt dem Antragsteller durch ihre Anordnung die erforderlichen Sicherungsmaßnahmen, einschließlich eines Verkehrszeichenplanes (Regelplan) mit. Art und Umfang der Baustellensicherung ist u. a. davon abhängig, ob es sich um kurze oder längere Eingriffe in den Straßenverkehr handelt und ob die Arbeiten bei Tageslicht oder in der Nacht durchgeführt werden. Zur Sicherung von Baustellen im öffentlichen Verkehrsraum werden retroreflektierende Verkehrszeichen, Verkehrseinrichtungen (vgl. Abb. 8.18) und Warnposten eingesetzt. Warn-

Abb. 8.17: Baustellenabsicherung gemäß behördlicher Anordnung

Abb. 8.18: Verkehrseinrichtungen

Abb. 8.19: Absicherung der Einsatzstelle in einer verkehrsberuhigten Zone

posten und andere Personen auf der Baustelle müssen geeignete Warnkleidung der Klasse 2 nach DIN EN ISO 20471 tragen.

Bei häufig anfallenden und gleichartigen Arbeiten im öffentlichen Verkehrsraum kann von der zuständigen Straßenverkehrsbehörde eine Dauergenehmigung erteilt werden. Für umfangreiche Sicherungsmaßnahmen (z. B. auf Autobahnen) wird für die Baustelleneinrichtung in der Regel ein Fachunternehmen beauftragt.

> **Merke:** Für das Arbeiten im öffentlichen Verkehrsraum ist eine behördliche Genehmigung notwendig. Art und Umfang der Baustellensicherung ist dem Verkehrszeichenplan bzw. Regelplan zu entnehmen.

Darüber hinaus ist beim Arbeiten mit Hubarbeitsbühnen im öffentlichen Straßenverkehr Folgendes zu beachten:

- auf ordentlichen Zustand der reflektierenden Maschinenkennzeichnung (am Fahrwerk und an den Abstützeinrichtungen) achten,
- Maschinen-Kennleuchten für gelbes Blinklicht einschalten,
- Arbeitsbühne und Teile der Maschine nicht unter 4,50 m absenken (andernfalls ist eine zusätzlich Absperrung erforderlich).

8.13 Gefahren des elektrischen Stroms

Elektrische Anlagen dürfen nur von Elektrofachkräften errichtet, geändert und in Stand gehalten werden. Dies gilt auch, wenn diese Arbeiten von einer Arbeitsbühne aus durchgeführt werden.

An unter Spannung stehenden aktiven Teilen darf (bis auf wenige Ausnahmen) nicht gearbeitet werden. Während der gesamten Arbeitsdauer muss an der Arbeitsstelle der spannungsfreie Zustand unter Berücksichtigung der 5 Sicherheitsregeln hergestellt werden:

- **1.** Freischalten,
- **2.** gegen Wiedereinschalten sichern,
- **3.** Spannungsfreiheit feststellen,
- **4.** erden und kurzschließen,
- **5.** benachbarte unter Spannung stehende Teile abdecken / abschranken.

Beim Einsatz von Hubarbeitsbühnen an oder in der Nähe von unter Spannung stehenden Teilen elektrischer Anlagen sind nur isolierte Maschinen nach DIN VDE 0682-742 „Hubarbeitsbühnen zum Arbeiten an unter Spannung stehenden Teilen bis AC 1 000 Volt und DC 1 500 Volt" zulässig. Der Nachweis der Isolation von Hubarbeitsbühnen ist dem jeweiligen Prüfbuch zu entnehmen.

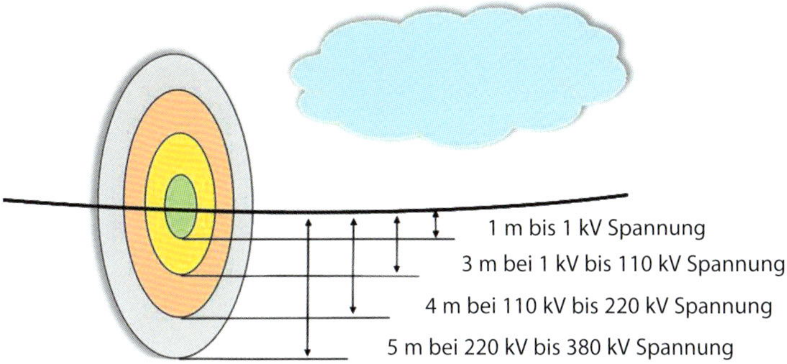

Abb. 8.20: Schutzabstände zu elektrischen Freileitungen

Merke: Elektrotechnische Arbeiten dürfen von Bedienern, die keine Elektrofachkraft sind, nicht durchgeführt werden!

Eine besondere Gefährdung besteht beim Arbeiten in der Nähe von elektrischen Freileitungen. Elektrische Freileitungen führen Spannungen bis zu 380 kV, wodurch der unmittelbare Kontakt sowie die unzulässige Annäherung zu lebensgefährlichen Verletzungen führen kann (Vorsicht: Spannungsübertritt!). Daher sind beim Arbeiten mit Hubarbeitsbühnen in der Nähe von elektrischen Freileitungen folgende Schutzmaßnahmen (Rangfolge!) zu ergreifen:

- **1.** Elektrische Freileitungen durch Netzbetreiber freischalten lassen.
- **2.** Elektrische Freileitungen durch Elektrofachkraft abdecken / abschranken lassen.
- **3.** Vorgeschriebene Schutzabstände zu elektrischen Freileitungen einhalten.

Die genormten Schutzabstände sind der Abbildung 8.20 zu entnehmen. Sie gelten für nicht elektrotechnische Arbeiten (z.B. Forstarbeiten) und dürfen auch beim Schwingen von Teilen der Hubarbeitsbühne (z. B. Teleskoparm) sowie beim Ausschwingen der Freileitungen durch Windein-

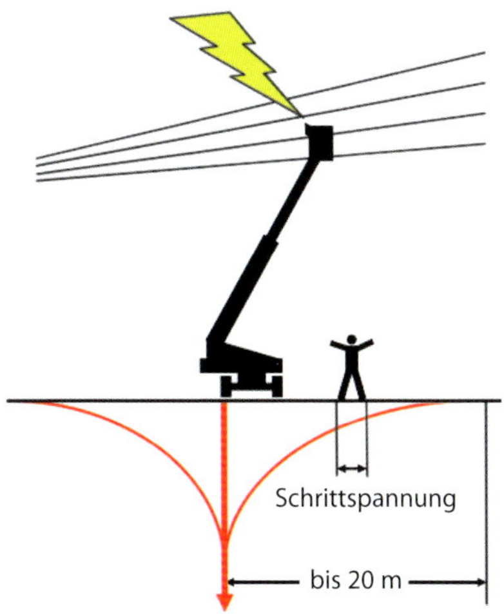

Abb. 8.21: Spannungstrichter bei einem Stromübertritt

wirkung nicht unterschritten werden. Gleiches gilt sinngemäß für mitgeführtes Material oder Werkzeug sowie den Bediener selbst.

Merke: Bei unbekannter Netzspannung von elektrischen Freileitungen ist ein Schutzabstand von mindestens 5 m einzuhalten.

Sollte es dennoch zu einem Stromübertritt oder zu einem unmittelbaren Kontakt zur Freileitung kommen, ist die Hubeinrichtung aus dem Gefahrenbereich zu bringen. Ist dies nicht möglich, ist Folgendes zu beachten:

- Arbeitsbühne bzw. Arbeitsplatz nicht verlassen,
- Außenstehende auffordern, Abstand zu halten,
- Veranlassen, dass die Freileitung spannungsfrei geschaltet wird.

8.14 Transporte zum Einsatzort

Der Transport von Hubarbeitsbühnen (Ausnahme: Lkw-Hubarbeitsbühnen) erfordert geeignete Transportfahrzeuge wie z. B. Fahrzeuge mit Anhänger oder Tieflader. Diese Fahrzeuge müssen sich in einem betriebssicheren Zustand befinden. Die Betriebssicherheit beinhaltet sowohl Aspekte der Verkehrs- wie auch der Arbeitssicherheit.

Merke: Die Betriebssicherheit ergibt sich aus dem verkehrssicheren und dem arbeitssicheren Zustand eines Fahrzeuges.

Als Nachweis des verkehrssicheren Zustands muss ein mängelfreies Ergebnis einer Sachverständigenprüfung nach der Straßenverkehrs-Zulassungsordnung (StVZO) vorliegen. Der arbeitssichere Zustand wird durch die regelmäßige Sachkundigenprüfung nach der Unfallverhütungsvorschrift „Fahrzeuge" (DGUV Vorschrift 70) nachgewiesen. Bei Pkw wird eine vom Hersteller vorgeschriebene und ordnungsgemäß durchgeführte Ins-

Abb. 8.22: Bestimmungsgemäß eingelegte Transportsicherung an einer Teleskop-Hubarbeitsbühne

Abb. 8.23: Vorsicht beim Be- und Entladen der Maschinen.

pektion als Sachkundigenprüfung akzeptiert. Hierbei sind die zusätzlichen Prüfpunkte auf arbeitssicheren Zustand (z. B. Einrichtungen zur Ladungssicherung) zu kontrollieren. Diese Prüfungen sind jedoch jährlich durchzuführen.

Durch die Beladung dürfen die zulässigen Lasten (Nutzlast, Achslasten, Stützlast) nicht überschritten werden. Die Lenkfähigkeit des Transportfahrzeuges muss durch eine geeignete Lastverteilung erhalten bleiben. Auffahrrampen müssen gemäß den Herstellerangaben bedient werden. Während der Be- und Entladung ist es verboten, sich neben oder hinter den Auffahrrampen aufzuhalten.

Die meisten Unfälle im Umgang mit Fahrzeugen ereignen sich im abgestellten Zustand. Daher ist es wichtig, vorhandene Aufstiege und Haltegriffe zu benutzen. Das Springen aus dem Fahrerhaus oder von der Ladefläche führt oft zu Unfällen und ist daher verboten.

Sind mehrere Personen an der Be- und Entladung des Transportfahrzeuges beteiligt, müssen sie sich vorher über den folgenden Arbeitsablauf verständigen. Unzureichende Absprachen haben in der Vergangenheit schon oft zu schweren Unfällen geführt.

An der Hubarbeitsbühne sind die vorhandenen Transportsicherungen zu benutzen. Transportsicherungen wie z. B. manuelle Bolzenverbindungen oder kraftbetriebene Verriegelungen sind in der Regel vorhanden an

- den Drehgestellen von Hubarbeitsbühnen,
- den Abstützeinrichtungen der Maschine und
- an der Arbeitsbühne.

Merke: Vorhandene Transporteinrichtungen an der Hubarbeitsbühne sind vor Fahrtantritt bestimmungsgemäß zu benutzen.

8.15 Ladungssicherung

Zum sicheren Maschinentransport gehört eine ausreichende Ladungssicherung. Hierzu sind geeignete Zurrmittel wie Zurrgurte, Zurrketten und Zurrdrahtseile zu verwenden. Die Befestigung der Zurrmittel am Fahrzeug darf nur an geeigneten Stellen (Zurrpunkten) erfolgen. Sofern keine ausreichend stabilen Zurrpunkte am Transportfahrzeug vorhanden sind, lassen sich diese im Bedarfsfall durch eine Fachwerkstatt nachrüsten. Die Befestigung der Zurrmittel an der Hubarbeitsbühne darf ebenfalls nur an den dafür gekennzeichneten Stellen erfolgen. Sollten bei Altmaschinen keine Befestigungspunkte vorhanden sein, sind diese nach Rücksprache mit dem Hersteller nachrüsten zu lassen.

Die Berechnung von Zurrkräften zur Ladungssicherung setzt umfangreiche Kenntnisse voraus. Daher ist eine Ausbildung des Fahr- und Ladepersonals auf der Grundlage der VDI-Richtlinie 2700 „Ladungssicherung auf Straßenfahrzeugen" ratsam.

Abb. 8.24: Ladungssicherung mit Hilfe von Zurrketten

Merke: Das Fahr- und Ladepersonal benötigt eine besondere Qualifikation zur Ladungssicherung auf Fahrzeugen.

8.16 Motorsägearbeiten

Werden von der Arbeitsbühne aus Arbeiten mit der Motorsäge durchgeführt, können zusätzliche Gefährdungen, insbesondere Schnittverletzungen, entstehen.

Daher sollte die Hubarbeitsbühne bei solchen Einsätzen über folgende Ausrüstungsmerkmale verfügen:

- Trenngitter für die Anbringung innerhalb der Arbeitsbühne,
- zerspanbare Umwehrung im oberen Bereich der Arbeitsbühne, (z. B. aus Holz oder Aluminium),
- geeignete Vorrichtung zum Mitführen der Motorsäge,
- Schutzdach für das Fahrerhaus (sofern vorhanden),
- zusätzliche Einrichtungen zur Baustellensicherung.

Der Motorsägenführer muss mindestens 18 Jahre alt sein, über eine entsprechende Schulung zum Führen von Motorsägen verfügen sowie gesundheitlich geeignet sein. Ferner hat er die zur Verfügung gestellte Schutzausrüstung zu tragen. Hierzu gehört insbesondere ein Schutzhelm mit integriertem Gehör- und

$$R = 2 \times l_1$$

Der Radius des Gefahrenbereiches beträgt mindestens 6 m

l_1 = Baum- oder Astlänge
R = Radius des Gefahrenbereiches

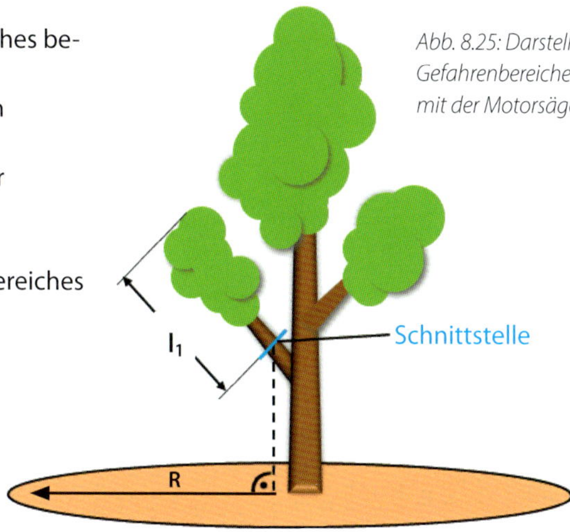

Abb. 8.25: Darstellung des Gefahrenbereiches bei Arbeiten mit der Motorsäge in der Höhe

Gesichtsschutz (Forstarbeiterhelm), Schnittschutzkleidung (Hose, Jacke und Stiefel) sowie geeignete Schutzhandschuhe. Eine besondere Verletzungsgefahr besteht, wenn sich gleichzeitig zwei Personen im Arbeitskorb befinden, wobei die eine mit der Motorsäge arbeitet. Daher muss die zweite Person durch ein Trenngitter im Arbeitskorb gegen Verletzungen durch die Motorsäge geschützt sein. Arbeitet nur der Motorsägenführer in der Arbeitsbühne, ist kein Trenngitter erforderlich.

Werden Baumstämme und Äste mit der Motorsäge in der Höhe abgeschnitten, so sollte das geschnittene Holz vorzugsweise abgeseilt werden. In jedem Fall ist der Gefahrenbereich um die Arbeitsstelle herum großzügig abzusperren. Während der eigentlichen Arbeiten darf sich niemand im Gefahrenbereich aufhalten. Herabfallendes oder zerberstendes Holz könnte andernfalls Personen schwer verletzen (vgl. Abb. 8.25).

Merke: Arbeiten mit der Motorsäge sind mit erheblichen Gefährdungen verbunden und erfordern daher zusätzliche Schutzmaßnahmen.

9. Standsicherheit

Die standsichere Aufstellung einer Hubarbeitsbühne ist von drei Kriterien abhängig:

- **1.** waagerechte Aufstellung der Maschine,
- **2.** Benutzung der Abstützeinrichtungen nach Herstellerangaben,
- **3.** Beachtung der Bodenbeschaffenheit am Aufstellungsort.

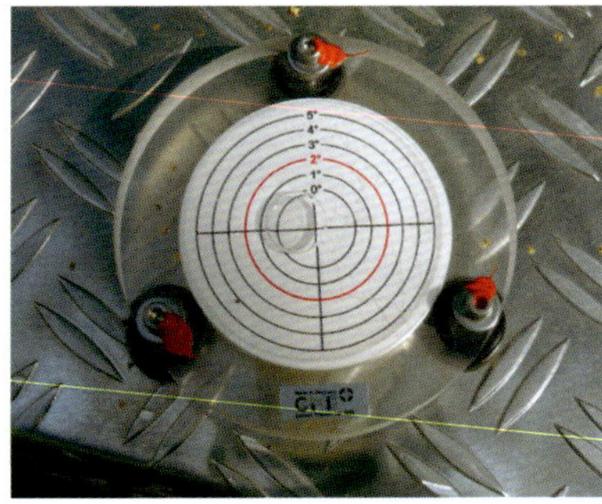

Abb. 9.1: Nivelliereinrichtung zur waagerechten Aufstellung der Maschine

Bei der waagerechten Aufstellung der Maschine ist zu berücksichtigen, dass bereits geringe Abweichungen am Fahrwerk zu großen Auslenkungen an der angehobenen Arbeitsbühne führen. Daher darf die vom Hersteller angegebene zulässige Schrägstellung nicht überschritten werden. Bei Hubarbeitsbühnen liegt die übliche maximal zulässige Neigung etwa zwischen 2 und 5 Grad. Der Bediener hat sich vor der erstmaligen Benutzung einer Hubarbeitsbühne über die maximal zulässige Neigung zu informieren. Die tatsächliche Neigung kann an der Nivelliereinrichtung (z. B. Dosenlibelle) der Maschine abgelesen werden.

Es sollten immer alle Stützeinrichtungen der Maschine voll ausgefahren werden, auch wenn der Hersteller variable Abstützvarianten vorgesehen

Abb. 9.2: Gefährliche Abstützung

Abb. 9.3: Ordnungsgemäße Abstützung

hat. Bei den meisten Hubarbeitsbühnen ist das Fahrwerk frei zu heben, sodass die Räder keinen Bodenkontakt mehr haben. Einige Hubarbeitsbühnen dürfen jedoch nicht frei gehoben werden. Näheres hierzu regelt die Betriebsanleitung des Herstellers.

Bei nicht tragfähigen Böden besteht die Gefahr, dass die Stützen in den Boden einsinken und die Hubarbeitsbühne umkippt. Dies muss durch einen geeigneten Unterbau der Stützteller verhindert werden. Ansonsten besteht Lebensgefahr!

9.1 Bodenbeschaffenheit

Ein entscheidendes Merkmal für die Eignung des Bodens ist dessen Tragfähigkeit, ausgedrückt durch die zulässige Bodenpressung am Aufstellungsort. Die Einheit der zulässigen Bodenpressung ist N/cm^2.

In Anlehnung an die DIN 1054 „Zulässige Belastung des Baugrundes" stellen die für verschiedene Bodenarten angegebenen Werte eine wichtige Orientierungshilfe dar.

Bodenart	Zulässige Bodenpressung in N/cm^2
Angeschütteter, nicht künstlich verdichteter Boden	0 - 10
Gewachsener, offensichtlich unberührter Boden	
a) Schlamm, Moor, Torf, Treibsand	0
b) Nicht bindige, ausreichend festgelagerte Böden:	
- Fein- bis Mittelsand	15
- Grobsand bis Kies	20
c) Bindige Böden:	
- breiig	0
- weich	4
- steif	10
- halbfest	20
- fest	30
Befestigte Oberflächen	ca. 50 - 60
Straßenbelag	ca. 75 - 100

Abb. 9.4: Zulässige Bodenpressung für verschiedene Bodenarten

9.2 Bodenversagen

Je nach Untergrund werden drei Arten für das Versagen des Bodens unterschieden:

- Grundbruch,
- Setzung und
- Durchstanzung.

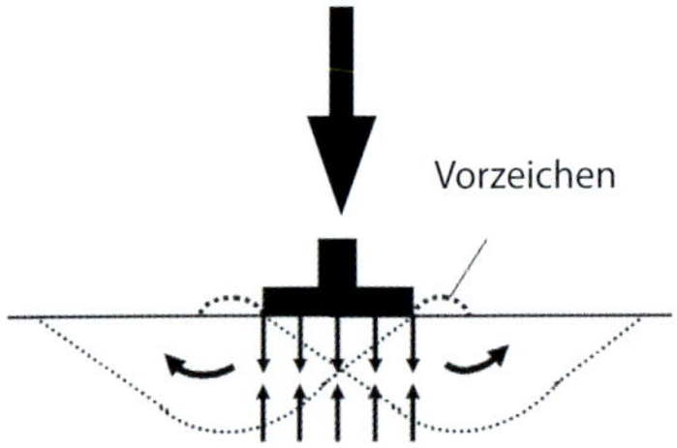

Abb. 9.5: Grundbruch

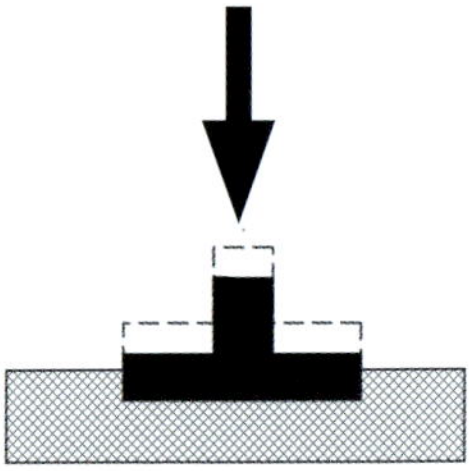

Abb. 9.6: Setzung

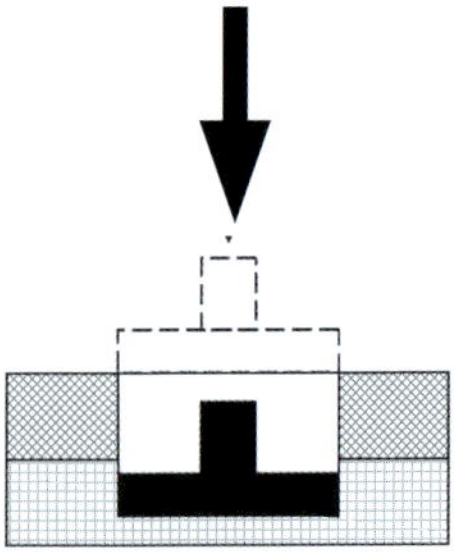

Abb. 9.7: Durchstanzung

Beim Grundbruch läuft der Boden entlang den Gleitlinien weg. Neben den Stütztellern oder dem Unterbau zeigen sich deutliche Bodenaufwölbungen. Grundbrüche sind zu erwarten bei nicht bindigen Böden wie z. B. Sand, Kies, Steinen und deren Mischungen.

Als Setzung wird das kontinuierliche Einsinken der Stützen in den Untergrund bezeichnet. Setzungen treten hauptsächlich bei bindigen Böden wie z. B. Schluff, Lehm, Ton und deren Mischungen auf.

Das schlagartige Einbrechen der Stützen in den Untergrund wird als Durchstanzung bezeichnet. Durchstanzungen treten ohne Vorzeichen auf. Insbesondere bei der Aufstellung der Stützen auf unterirdischen Hohlräumen, Kanälen und Kabelschächten ist mit Durchstanzungen zu rechnen.

> **Merke:** Je nach Bodenart ist mit unterschiedlichen Arten des Bodenversagens zu rechnen.

Bei Zweifeln an der Tragfähigkeit des Untergrundes darf die Hubarbeitsbühne nicht aufgebaut werden, und der zuständige Vorgesetzte ist unverzüglich zu informieren. Im Einzelfall kann die Beauftragung eines Sachverständigen zur Beurteilung der Bodenbeschaffenheit zweckmäßig sein.

9.3 Spezifischer Stützdruck

An jeder Stütze einer Hubarbeitsbühne muss die maximale Stützkraft angegeben sein. Die Kennzeichnung muss gut sichtbar und dauerhaft lesbar sein. Für den Bediener ist diese Angabe enorm wichtig. Die maximale Stützkraft einer Abstützeinrichtung kann in Abhängigkeit des Betriebszustandes bis zu 80 % des Maschinengewichtes betragen. Angegeben wird die Stützkraft in Newton (N) oder kilo-Newton (kN).

Außerdem gelten folgende Beziehungen: 1.000 N = 1 kN (≈ 100 kg oder 0,1 t)

Beispiel:
Die Kennzeichnung der maximalen Stützkraft einer Hubarbeitsbühne beträgt 57 kN. Das entspricht einer Masse (Gewicht) je Stütze von etwa 5,7 t.

> **Merke:** Die maximalen Stützkräfte der Hubarbeitsbühne müssen dem Bediener bekannt sein.

Vom Bediener ist zu berücksichtigen, dass ein und dieselbe Hubarbeitsbühne über unterschiedliche Stützkräfte (z. B. an den Front- und Heckstützen) verfügen kann. Sofern zutreffend, sind für die Betrachtung der Standsicherheit immer die Höchstwerte zu Grunde zu legen. Weiterhin ist die Abstützfläche des Stütztellers von besonderer Bedeutung. Mit ihr kann der spezifische Stützdruck (vgl. Abb. 9.8) wie folgt berechnet werden:

$$\text{Spezifischer Stützdruck} = \frac{\text{Maximale Stützkraft}}{\text{Abstützfläche}} \quad [1]$$

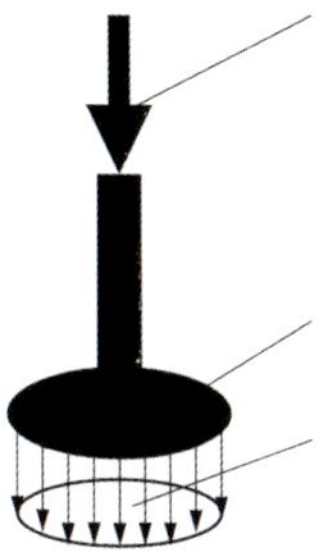

Abb. 9.8: Grafische Darstellung des spezifischen Stützdruckes einer Hubarbeitsbühne

Beispiel:
*Die maximale Stützkraft einer Hubarbeitsbühne beträgt nach Herstellerangaben 57 kN bzw. 57.000 N. Der kreisrunde Stützteller der Abstützung besitzt einen Durchmesser von 20 cm. Daraus ergibt sich für die Größe des kreisförmigen Stütztellers eine Fläche von 314 cm². Setzt man diese Werte in Gleichung [1] ein, so erhält man einen **spezifischen Stützdruck** von*

$$\frac{57.000\ N}{314\ cm^2} = \mathbf{181{,}5\ N/cm^2}.$$

9.4 Erforderliche Abstützfläche

Wie aus Gleichung [1] hervorgeht, kann der spezifische Stützdruck durch die Größe der Abstützfläche beeinflusst werden. Eine geringe Abstützfläche ergibt einen großen spezifischen Stützdruck. Umgekehrt gilt: Je größer die Abstützfläche, desto geringer ist der spezifische Stützdruck. Mittels Unterlegplatten und / oder stabilen Holzbohlen, welche im Kreuzverbund verlegt werden, kann die Abstützfläche vergrößert und somit der spezifische Stützdruck verringert werden. Um die Standsicherheit der Maschine zu garantieren, muss folgende Bedingung immer erfüllt sein:

$$\text{Spezifischer Stützdruck} \leq \text{Zulässige Bodenpressung} \quad [2]$$

Merke: Der spezifische Stützdruck muss immer kleiner sein, als die zulässige Bodenpressung am Aufstellungsort!

Durch Einsetzen von Gleichung [1] in Gleichung [2] und weitere Umstellungen erhält man die nachfolgende Beziehung:

$$\text{Erforderliche Abstützfläche} \geq \frac{\text{Maximaler Stützdruck}}{\text{Zulässige Bodenpressung}} \quad [3]$$

Mit Hilfe der Gleichung [3] lässt sich nun die erforderliche Abstützfläche berechnen.

Beispiel:
Die im vorherigen Beispiel genannte Hubarbeitsbühne soll auf einem halbfesten bindigen Boden aufgestellt werden. Nach Abb. 9.4 (zul. Bodenpressung) beträgt die zulässige Bodenpressung 20 N/cm². Setzt man die bekannten Werte in Gleichung [3] ein, so ergibt sich die ***erforderliche Abstützfläche:***

$$\frac{57.000\ \text{N}}{20\ \text{N/cm}^2} = \mathbf{2.850\ cm^2}.$$

Die ***erforderliche Kantenlänge der quadratischen Unterlegplatte*** *errechnet sich aus der Quadratwurzel der erforderlichen Abstützfläche:*

$$\sqrt{2.850\ \text{cm}^2} = \mathbf{53{,}4\ cm}.$$

Die nächstgrößere Unterlegplatte besitzt eine Abmessung von 60 cm x 60 cm (vgl. Abb. 9.10).

Von einem geschulten Bediener darf erwartet werden, dass er die erforderliche Abstützfläche berechnen kann. Bei Zweifeln hinsichtlich der Bodeneigenschaften sollte der Tabellenwert der zulässigen Bodenpressung um 50 % reduziert werden. Daraus ergibt sich eine 2-fache Sicherheit. Für einige Anwendungen sind die Abstützflächen bereits errechnet und in der Tabelle (Abb. 9.9) dargestellt. In der Praxis kann es durchaus hilfreich sein, diese Tabelle an der Maschine mitzuführen (z. B. bei häufig wechselnden Standorten).

Merke: Die erforderliche Abstützfläche zur standsicheren Aufstellung von Hubarbeitsbühnen muss qualitativ ermittelt werden. Der Bediener darf sich nicht auf Vermutungen verlassen.

Maximale Stützkraft	Zulässige Bodenpressung			
	10 N/cm²	20 N/cm²	30 N/cm²	40 N/cm²
	Erforderliche Abstützfläche			
10 kN	32 cm x 32 cm	23 cm x 23 cm	19 cm x 19 cm	16 cm x 16 cm
20 kN	45 cm x 45 cm	32 cm x 32 cm	26 cm x 26 cm	23 cm x 23 cm
30 kN	55 cm x 55 cm	39 cm x 39 cm	32 cm x 32 cm	28 cm x 28 cm
40 kN	64 cm x 64 cm	45 cm x 45 cm	37 cm x 37 cm	32 cm x 32 cm
50 kN	71 cm x 71 cm	50 cm x 50 cm	41 cm x 41 cm	36 cm x 36 cm
60 kN	78 cm x 78 cm	55 cm x 55 cm	45 cm x 45 cm	39 cm x 39 cm

Abb. 9.9: Tabelle der erforderlichen Abstützflächen je Stütze (Mindestwerte)

Abstützplatten Abmessungen (L x B x H in cm)
30 x 30 x 4
40 x 40 x 4
50 x 50 x 4
60 x 60 x 6
80 x 80 x 6

Abb. 9.10: Beispielhafte Abmessungen von handelsüblichen Unterlegplatten

9.5 Verwendung von Unterlegplatten

Bei der Aufstellung von Hubarbeitsbühnen können viele Fehler gemacht werden. Entweder wird der Aufstellort nicht richtig ausgewählt oder die erforderlichen Unterlegplatten werden nicht ordnungsgemäß benutzt. Die nachfolgenden Abbildungen zeigen einige positive und mehrere negative Beispiele, die in der Praxis leider immer wieder anzutreffen sind.

Die Beispiele in Abb. 9.11 zeigen **sichere** Abstützmöglichkeiten von Hubarbeitsbühnen:

- **a)** optimale Abstützung auf ebenem Untergrund.
- **b)** Abstützung auf verfülltem, verdichtetem Untergrund.
- **c)** waagerechte Abstützung in der schiefen Ebene.

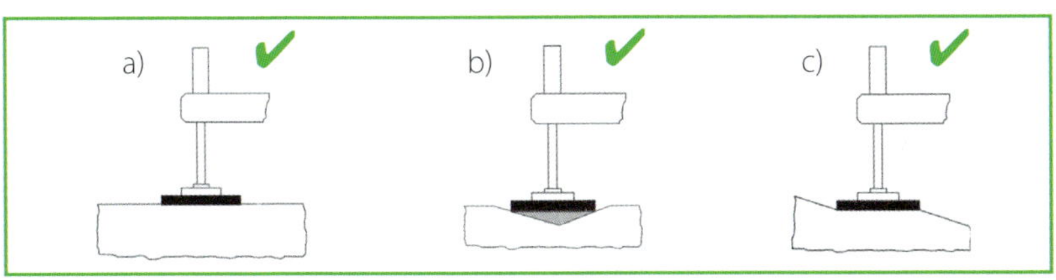

Abb. 9.11: Standsichere Aufstellung einer Hubarbeitsbühne

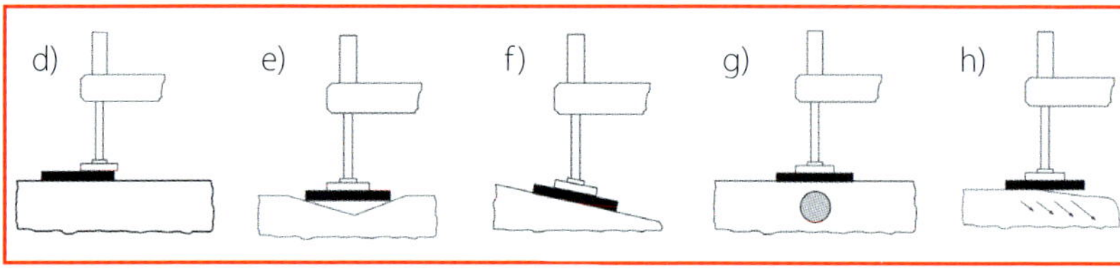

Abb. 9.12: Gefährliche Aufstellung einer Hubarbeitsbühne

Die Beispiele von Abstützversuchen in Abb. 9.12 sind **absolut gefährlich**:

- **d)** Unterlegplatten nicht mittig positioniert, Kippgefahr!
- **e)** Hohlräume nicht verfüllt und verdichtet, Bruchgefahr (ähnlich Durchstanzung)!
- **f)** Abstützung in der schiefen Ebene, Abrutschgefahr!
- **g)** Abstützung auf Hohlraum im Untergrund, Gefahr der Durchstanzung!
- **h)** Unterspülung der Unterlegplatte (z. B. durch Starkregen), Kippgefahr!

Merke: Bei der Aufstellung der Maschine muss der Bediener äußerst gewissenhaft arbeiten. Fehler bei der Aufstellung können schwere Unfälle nach sich ziehen.

9.6 Arbeiten auf der schiefen Ebene

Beim Arbeiten auf der schiefen Ebene besteht die Gefahr, dass die Hubarbeitsbühne am Hang abrutscht. Entsprechende Unfälle mit abgerutschten Lkw-Hubarbeitsbühnen sind den Autoren bekannt. Daher ist beim Aufstellen der Maschine auf der schiefen Ebene folgende Vorgehensweise*) unbedingt zu beachten:

- Fahrzeug mit gebremster Achse hangaufwärts gerichtet abstellen,
- Feststellbremse betätigen,
- Maschine durch die Verwendung von Unterlegkeilen zusätzlich sichern,
- zuerst die hangabwärts gerichtete (ungebremste) Achse freiheben,
- danach die hangaufwärts gerichtete (gebremste) Achse freiheben.

Der Abbau der Maschine hat immer in umgekehrter Reihenfolge zu erfolgen. Denn auch hier kann die Maschine abrutschen, wenn der Bediener Fehler macht. Außerdem ist zu berücksichtigen, dass die eventuell vorhandene Abstützautomatik vor dem Arbeiten in der schiefen Ebene ausgeschaltet sein muss. Bei Arbeiten in großem Gefälle können zusätzliche Sicherungsmaßnahmen erforderlich sein (z. B. Sicherung der Maschine durch Festbinden oder Verankern).

Merke: Bei der Aufstellung bzw. Abrüstung einer Hubarbeitsbühne am Hang muss auf die richtige Reihenfolge der einzelnen Arbeitsschritte geachtet werden.

**) Gilt nur für Lkw-Hubarbeitsbühnen, bei denen die Feststellbremse auf die Hinterachse des Fahrwerkes wirkt (Regelfall).*

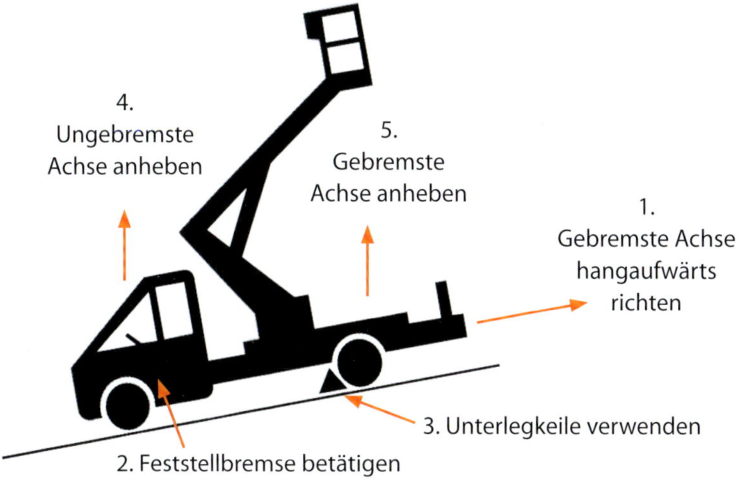

Abb. 9.13: Aufstellen einer Lkw-Hubarbeitsbühne am Hang

9.7 Besondere Sicherheitseinrichtungen

Hubarbeitsbühnen verfügen über besondere Sicherheitseinrichtungen, um die Maschine vor Überlast und daraus resultierenden Beschädigungen sowie Menschen vor Verletzungen durch Unfälle zu schützen. Hierzu gehören:

- Korblastmessung,
- Schlagloch-Schutzeinrichtung,
- Lastmomentbegrenzung und
- Stellungsüberwachung (Stützdrucküberwachung).

Die **Korblastmessung** von Hubarbeitsbühnen soll verhindern, dass die zulässige Nennlast (Tragfähigkeit) der Arbeitsbühne überschritten wird. Die Nennlast setzt sich zusammen aus der Anzahl der Personen sowie der Zuladung aus Werkzeug und Material. Bei Überschreitung der zulässigen Nennlast werden alle Maschinenbewegungen aus dem Stillstand unterbrochen. Der Bediener wird außerdem durch eine optische und/oder akustische Warneinrichtung über den unzulässigen Betriebszustand alarmiert. Maschinenbewegungen sind erst wieder nach Beseitigung der Überlast möglich. Korblast-Messeinrichtungen werden in Senkrechtliften und in Auslegerbühnen eingebaut. Altmaschinen besitzen in der Regel keine Korblastmessung.

Merke: Die zulässige Nennlast (Tragfähigkeit) der Hubarbeitsbühne darf nicht überschritten werden.

Die **Schlagloch-Schutzeinrichtung** (vereinzelt auch „Lochfahrschutz" genannt) wirkt dem Kippen von Hubarbeitsbühnen beim ungewollten Hineinfahren in Bodenvertiefungen bzw. Schlaglöchern entgegen. Die Schlagloch-Schutzeinrichtung besteht aus zwei klappbaren Schutzbalken, welche an der Längsseite des Fahrwerkes der Maschine befestigt sind. Diese werden beim Anheben der Arbeitsbühne aus der Grundstellung selbsttätig ausgefahren, wodurch sich die Bodenfreiheit des Fahrwerkes der Hubarbeitsbühne verringert. In Grundstellung der Maschine sind die Schutzbalken eingeklappt bzw. nicht aktiv.

Die **Lastmomentbegrenzung** (LMB) verhindert, dass die Maschine in Grenzbereiche hinein bewegt wird und dadurch umkippt. Hierzu werden beim Erreichen des maximal zulässigen Kippmomentes alle Maschinenbewegungen unterbrochen, welche das Kippmoment vergrößern würden. Lastmomentvergrößernde Bewegungen sind z. B. das Schwenken und Senken des Auslegers, das Austeleskopieren des Auslegers sowie das Senken (oberhalb der Horizontalen) bzw. Heben (unterhalb der Horizontalen) des Korbarmes. Die Unterbrechung der Maschinenbewegungen erfolgt selbsttätig. Der Bediener wird durch eine optische Warneinrichtung über das Wirksamwerden der LMB informiert. Lastmomentbegrenzungen werden nur in Auslegerbühnen eingebaut.

Abb. 9.14: Schlagloch-Schutzeinrichtung in Schutzfunktion, d. h. Schutzbalken (hier: weiß) ausgeklappt

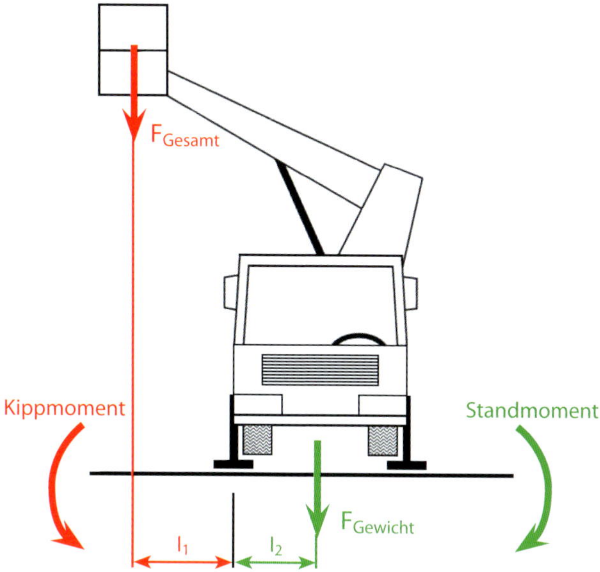

Abb. 9.15: Grafische Darstellung von Kipp- und Standmoment einer Hubarbeitsbühne (Kippmoment = $F_{Gesamt} \times l_1$; Standmoment = $F_{Gewicht} \times l_2$)

Merke: Beim Betätigen der Notsteuerung ist die Lastmomentbegrenzung (LMB) unwirksam. Bei Fehlbedienung besteht Umsturzgefahr!

Die **Stellungsüberwachung** (Stützdrucküberwachung) begrenzt den Arbeitsbereich der Hubarbeitsbühne derart, dass die Maschine nicht unzulässig beansprucht wird oder kippen kann. Hierzu dienen z. B. mechanische Endanschläge, nicht-mechanische Begrenzungseinrichtungen oder elektrische Sicherheitseinrichtungen.

Abb. 9.16: Stellungsüberwachung an einer Abstützeinrichtung

Merke: Die Sicherheitstechnik von Hubarbeitsbühnen ist äußerst vielfältig. Der Bediener hat sich durch Lesen der Betriebsanleitung über die speziellen Sicherheitseinrichtungen der Maschine zu informieren.

10. Persönliche Schutzausrüstung (PSA)

10.1 Bereitstellung und Benutzung

Lassen sich Risiken durch technische oder organisatorische Schutzmaßnahmen nicht vermeiden, so muss der Unternehmer persönliche Schutzausrüstung (PSA) zur Verfügung stellen. Die Bediener von Hubarbeitsbühnen und andere Mitarbeiterinnen und Mitarbeiter sind verpflichtet, diese gemäß Weisung und Unterweisung des Unternehmers zu tragen bzw. zu benutzen. Zudem ist die PSA arbeitstäglich auf Schäden zu kontrollieren. Fehlerhafte PSA darf nicht mehr verwendet werden, da sie die Sicherheit und Gesundheit des Benutzers gefährdet. Welche PSA und in welchem Umfang diese getragen bzw. benutzt werden muss, ergibt sich aus der betrieblichen Gefährdungsbeurteilung. Je nach Bauform, Arbeitsumgebung und Tätigkeit müssen Bediener von Hubarbeitsbühnen PSA tragen bzw. benutzen (s. Abb. 10.1 bis 10.9).

Merke: Der Bediener einer Hubarbeitsbühne hat die ihm zur Verfügung gestellte PSA bestimmungsgemäß zu benutzen.

10.2 Schutzausrüstung gegen Absturz

Beim Einsatz von Hubarbeitsbühnen kommt der Verwendung von PSA gegen Absturz eine besondere Bedeutung zu. Bei Auslegerbühnen besteht grundsätzlich die Gefahr, dass der Bediener und andere Personen aus der Arbeitsbühne herausgeschleudert werden. Dieses Risiko wird durch den sogenannten Peitscheneffekt beschrieben, wobei dieser durch Verklemmen der Hubeinrichtung, durch Kollision mit anderen Fahrzeugen oder durch das Fahren auf sehr unebenen Verkehrswegen verursacht werden kann. PSA gegen Absturz besteht mindestens aus einem Sicherheitsgeschirr, einem Verbindungsmittel mit Falldämpfer und einem geeigneten Anschlagpunkt.

Da die Festigkeit der Haltepunkte von Hubarbeitsbühnen nach allgemeiner Einschätzung für den freien Fall von Personen nicht ausreichend stabil ist, darf die Schutzausrüstung lediglich als Haltesystem verstanden werden. Aufgabe des Verbindungsmittels ist

Schützen Sie Ihr Leben:
Sicherheitsgeschirr mit kurzem Verbindungsmittel auf allen Auslegerbühnen tragen!

Abb. 10.1: Sicherheitsgeschirr, z. B. bei Gefahr des Peitscheneffektes

Abb. 10.2: Sicherheitsschuhe, z. B. auf Baustellen

Abb. 10.3: Schutzhelm, z. B. bei Anstoßgefahr

Abb. 10.4: Schutzhandschuhe, z. B. beim manuellen Lastentransport

Abb. 10.5: Schutzbrille, z. B. bei Schweißarbeiten

Abb. 10.6: Gesichtsschutz, z. B. bei Motorsägearbeiten

Abb. 10.7: Atemschutz, z. B. bei staubintensiven Tätigkeiten

Abb. 10.8: Gehörschutz, z. B. beim Trennschleifen

Abb. 10.9: Schutz- und Warnkleidung, z. B. bei Arbeiten im öffentlichen Verkehrsraum

es also, den Bediener und andere Personen bei einem Peitscheneffekt im Inneren der Arbeitsbühne zu halten. Hierzu muss das Verbindungsmittel in der Länge verstellbar sein und immer möglichst kurz gehalten werden. Die maximal mögliche Länge des Verbindungsmittels sollte 1,80 m nicht überschreiten.

> **Warnung:** Wenn eine Person aus der Arbeitsbühne herausgeschleudert wird, kann durch die auf den Anschlagpunkt wirkende Fangkraft (trotz funktionierendem Falldämpfer) eine Hubarbeitsbühne zum Umsturz gebracht werden.

Eine gute Alternative zu herkömmlichen Verbindungsmitteln stellen Höhensicherungsgeräte dar. Versuche mit Höhensicherungsgeräten haben nachgewiesen, dass Personen bei einem Peitscheneffekt in der Arbeitsbühne zurückgehalten werden. Außerdem haben Höhensicherungsgeräte den Vorteil, dass eine Schlaffseilbildung zuverlässig verhindert wird.

Abb. 10.10: Höhensicherungsgerät als Verbindungsmittel

10.3 Schulung mit Übungen

Immer dann, wenn das Tragen von PSA gegen tödliche oder irreversible Verletzungen schützen soll, ist der sichere Umgang der PSA neben der Unterweisung zusätzlich durch praktische Übungen zu vermitteln. Insbesondere die Benutzung von PSA gegen Absturz setzt voraus, dass der Benutzer damit routiniert umgehen kann. Wird PSA gegen Absturz falsch angewendet, kann das schwere Unfälle nach sich ziehen. Folgende Punkte sollten daher bei der Unterweisung bzw. Übung berücksichtigt werden:

- das richtige Anlegen und Einstellen des Sicherheitsgeschirrs,
- die sicherheitsgerechte Verwendung sowie das richtige Befestigen des Verbindungsmittels,
- die ordnungsgemäße Aufbewahrung der einzelnen Ausrüstungen,
- das Erkennen von Schäden an der PSA gegen Absturz.

> **Merke:** Die Benutzung der PSA gegen Absturz muss praktisch geübt werden. Nur so können lebensbedrohliche Situationen durch Fehlanwendung verhindert werden.

Abb. 10.11: Aufbewahrung von PSA gegen Absturz zum Schutz vor schädlichen Einflüssen

10.4 Ablegereife

Wann eine PSA nicht mehr benutzt werden darf und damit die Ablegereife erreicht wird, ist in erster Linie von den jeweiligen Einsatzbedingungen abhängig. Die Einsatzbedingungen haben einen erheblichen Einfluss auf den Zustand des Materials. Schädlichen Einfluss auf die Güte haben u. a. UV-Strahlung, klimatische Umwelteinflüsse (z. B. Frost, direkter Kontakt mit Heizkörpern), Chemikalien, Reinigungsmittel, Öle sowie mechanisch erzeugte Funken und Schweißperlen. Wie jedes Arbeitsmittel, das schädlichen Einflüssen unterliegt, ist auch die PSA gegen Absturz regelmäßig zu prüfen. Es gelten folgende Prüfverpflichtungen:

- Arbeitstägliche Sichtprüfung durch den Benutzer.
- Mindestens einmal pro Jahr Prüfung durch einen Sachkundigen.

Unabhängig von den Einsatzbedingungen ist die vom Hersteller ausgewiesene Benutzungsdauer zu beachten. Gurte und Verbindungsmittel aus Chemiefasern unterliegen auch ohne Beanspruchung und bei idealen Lagerungsbedingungen einer gewissen Alterung. Sofern nicht anderweitig geregelt, kann unter normalen Einsatzbedingungen von folgender Benutzungsdauer ausgegangen werden:

- Verbindungsmittel (Seile, Bänder): ca. 4 bis 6 Jahre
- Gurte (Sicherheitsgeschirr): ca. 6 bis 8 Jahre

Voraussetzung für eine lange Haltbarkeit der PSA gegen Absturz ist deren sorgfältige und vor schädlichen Einflüssen geschützte Aufbewahrung.

Merke: Der Umgang mit PSA gegen Absturz muss praktisch geübt werden. Unterweisungen alleine sind nicht ausreichend. PSA gegen Absturz ist sorgfältig aufzubewahren und regelmäßig zu prüfen.

11. Prüfung von Hubarbeitsbühnen

Der sichere Umgang mit Hubarbeitsbühnen setzt technisch einwandfreie Maschinen und Ausrüstungen voraus. Allerdings können Mängel an der Hubarbeitsbühne z. B. durch Gewalteinwirkung, Fehlbedienung, übermäßigen Verschleiß oder starke Korrosion eintreten. Ziel ist es daher, Schäden an den Maschinen rechtzeitig zu erkennen und Mängel frühzeitig beseitigen zu können.

11.1 Befähigte Person

Um die technische Sicherheit von Hubarbeitsbühnen sicher zu stellen, hat der Unternehmer Hubarbeitsbühnen regelmäßig sowie nach besonderen Ereignissen durch eine befähigte Person prüfen zu lassen. Befähigte Personen müssen über eine geeignete Berufsausbildung und -erfahrung verfügen und sich zeitnah mit Hubarbeitsbühnen beschäftigt haben. Als befähigte Personen können Sachkundige und Sachverständige tätig werden. Prüfer von Hubarbeitsbühnen sind in ihrer Prüftätigkeit unabhängig und unterliegen keinen Weisungen.

11.2 Sachkundigenprüfung

Sachkundige, wie z. B. Betriebsingenieure, Betriebsmeister oder Kundendienstmonteure der Hersteller besitzen ausreichende Kenntnisse und sind mit den einschlägigen Vorschriften des Arbeitsschutzes soweit vertraut, dass sie den betriebssicheren Zustand von Hubarbeitsbühnen beurteilen können. Die Sachkundigen-Prüfung ist eine Sicht- und Funktionsprüfung, die gemäß der Gefährdungsbeurteilung des Unternehmers wiederkehrend durchzuführen ist. Bei der Festlegung der Prüffrist hat sich der Unternehmer an den realen Einsatzbedingungen (z. B. rauer Baustellenbetrieb) zu orientieren.

Mietmaschinen sollten grundsätzlich vor jeder neuen Bereitstellung bzw. Auslieferung durch einen Sachkundigen geprüft werden. Betriebseigene Maschinen sind mindestens einmal pro Jahr prüfen zu lassen. Abweichende Prüffristen sind zwar möglich, setzen jedoch gute fachliche Begründungen voraus. Wirtschaftliche Aspekte sind bei der Ermittlung der Prüffristen unerheblich.

Abb. 11.1: Anzeige der nächsten Prüfung auf arbeitssicheren Zustand

Merke: Hubarbeitsbühnen sind mindestens einmal pro Jahr durch einen Sachkundigen auf ihren betriebssicheren Zustand zu prüfen.

11.3 Sachverständigenprüfung

Sachverständige wie freiberufliche oder angestellte Fachingenieure (z. B. der Hersteller, TÜV, DEKRA usw.) verfügen im Bereich von Hubarbeitsbühnen über besondere Kenntnisse. Sie sind mit den einschlägigen Vorschriften des Arbeitsschutzes derart vertraut, dass sie den Zustand von Hubarbeitsbühnen gutachtlich beurteilen können. Außerordentliche Prüfungen durch Sachverständige sind u. a. nach umfangreichen Veränderungen an der Maschine, wesentlichen Instandsetzungsarbeiten sowie nach schweren Unfällen erforderlich. Art und Umfang der Sachverständigenprüfungen richten sich nach den betrieblichen Erfordernissen.

Merke: Hubarbeitsbühnen müssen nach besonderen Ereignissen durch einen Sachverständigen gutachtlich beurteilt werden.

11.4 Dokumentation der Prüfungen

Für jede Hubarbeitsbühne ist ein Prüfbuch zu führen. Alle Prüfungen der befähigten Personen (Sachkundige, Sachverständige) sind darin einzutragen. Das Prüfprotokoll der durchgeführten Prüfungen muss mindestens folgende Angaben enthalten:

- Datum und Umfang der Prüfung,

- Ergebnis der Prüfung und vorhandene Mängel,
- Hinweise zur weiteren Nutzung der Maschine,
- Anmerkungen zu erforderlichen Nachprüfungen,
- Name und Anschrift des Prüfers,
- Unterschrift des Betreibers (Kenntnisnahme des Prüfergebnisses).

Das Prüfbuch oder zumindest der letzte Prüfnachweis (Kopie) sind an der Maschine mitzuführen. Nur so kann sich der Bediener über das Ergebnis der letzten Prüfung informieren. Eine an der Maschine angebrachte Prüfplakette gibt zusätzlich Auskunft darüber, wann voraussichtlich die nächste Sachkundigenprüfung fällig ist.

Merke: Die Prüfplakette ersetzt nicht das Prüfprotokoll der letzten Prüfung. Das Ergebnis der letzten Prüfung ist ausschließlich dem Prüfprotokoll zu entnehmen.

„Aus- und Einsteigen bei angehobener Arbeitsbühne“

Wenn das Aus- und Einsteigen bei angehobener Arbeitsbühne z. B. aufgrund von Montagevorgängen oder baulicher Gegebenheiten zwingend erforderlich ist, muss als Grundvoraussetzung eine **spezielle** schriftliche Gefährdungsbeurteilung zeigen, dass dies die Maßnahme mit dem geringsten Restrisiko ist.

Außerdem müssen die Grundanforderungen an das sichere Betreiben von Hubarbeitsbühnen erfüllt sein, (DGUV Regel 100-500 „Betreiben von Arbeitsmitteln“, Kapitel 2.10) z. B. Mindestalter, Befähigungsnachweis, jährliche Unterweisung, schriftliche Beauftragung.

Unter diesen Voraussetzungen kann das Aus- und Einsteigen in bestimmten Arbeitssituationen zulässig sein, sofern **mindestens** die auf den Seiten 80-81 aufgeführten Ersatzmaßnahmen getroffen werden.

Diese **Mindest**-Ersatzmaßnahmen sind abhängig von den jeweiligen Einsatzbedingungen. Deshalb kann eine solche Liste nie abschließend sein und ist somit an die betrieblichen Rahmenbedingungen anzupassen.

Vorgehen beim Aus- und Einstieg:

1. Anschlagen an der vom Vorgesetzten festgelegten möglichst höher gelegener Anschlageinrichtung außerhalb des Arbeitskorbes.
2. Lösen am Anschlagpunkt im Arbeitskorb.
3. Aussteigen und Arbeit durchführen (zweite Person bleibt im Korb und beobachtet den Vorgang, Bühne wird währenddessen nicht bewegt).
4. Einsteigen zurück in den Arbeitskorb.
5. Anschlagen am Anschlagpunkt im Arbeitskorb.
6. Lösen der Sicherung außerhalb des Arbeitskorbes.

Checkliste für Mindest-Ersatzmaßnahmen

Die Einhaltung aller folgenden Ersatzmaßnahmen muss durch Abhaken bestätigt werden:

1. Voraussetzung

- ☐ Eine spezielle schriftliche Gefährdungsbeurteilung zeigt, dass das Aus- und Einsteigen bei angehobener Arbeitsbühne die Maßnahme mit dem geringsten Restrisiko ist, um den Arbeitsplatz zu erreichen. Sie liegt am Einsatzort vor.
- ☐ Anforderungen der staatlichen Arbeitsschutzbehörden sind eingehalten.

2. Anforderungen an das Personal

- ☐ Die Bediener haben eine gerätespezifische Einweisung für die Hubarbeitsbühne erhalten.
- ☐ Die Bediener sind für den besonderen Einzelfall anhand einer projektspezifischen Betriebsanweisung unterwiesen. Der Unterweisungsnachweis muss vor Ort eingesehen werden können.
- ☐ Gute körperliche und geistige Verfassung, um insbesondere Absturzgefährdungen beim Aus- und Einsteigen in angehobener Arbeitsposition (Bühne, Korb) zu vermeiden.

3. Anforderungen an die Hubarbeitsbühne

- ☐ Die Hubarbeitsbühne hat eine ausreichende Tragfähigkeit, Steifigkeit und Standsicherheit.
- ☐ Die Arbeitshöhe / Reichweite wird nur zu maximal 75 % ausgenutzt.
- ☐ Die Arbeitsbühne ist mit einem geeigneten Anschlagpunkt (→ 6 kN) ausgestattet.
- ☐ Die Arbeitsbühne ist mit einer Schiebe- oder Drehtür ausgestattet. Das Geländer wird nicht überstiegen. Die Arbeitsbühne hat die Tür an der dem Überstiegsobjekt zugewandten Seite.
- ☐ Die Arbeitsbühne ist drehbar, um das Ausrichten an der Ausstiegsstelle zu erleichtern.

4. PSA gegen Absturz und herabfallende Gegenstände

- ☐ Wenn beim Verlassen der Arbeitsbühne Absturzgefahr besteht, wird eine Sicherung mit PSA gegen Absturz mit Zweiseilsicherung eingesetzt.
- ☐ Die Handhabung der PSA g. A. wurde nach Herstellerangaben und dem geltenden Regelwerk unterwiesen und anhand von Übungen vermittelt.
- ☐ Am Objekt, auf das übergestiegen werden soll, ist ein von der Arbeitsbühne aus erreichbarer und geeigneter Anschlagpunkt (mögliche statische Kraftaufnahme → 9 kN) vorhanden, der durch den Vorgesetzten festgelegt wurde.
- ☐ Das Verbindungsmittel, das an der Hubarbeitsbühne angeschlagen ist, ist max. 1,80 m lang und mit einem Falldämpfer ausgestattet.
- ☐ Mitzunehmende Gegenstände (Werkzeug, Baumaterial, etc.) sind gegen Herabfallen gesichert.

5. Sicherer Überstieg

- ☐ Auf- bzw. Überstiegshilfen wie z. B. Leitern wurden verboten.
- ☐ Die Art des Aus- und Einstiegs erzeugt keine überhöhten dynamische Kräfte (z. B. nicht in die Arbeitsbühne hineinspringen).
- ☐ Die Hubarbeitsbühne kann während des Überstieges nicht bewegt werden (z. B. Not-Aus betätigen).
- ☐ Ein zweiter Bediener bleibt ständig im Korb und überwacht die ausgestiegene Person.
- ☐ Der Einstieg erfolgt an identischer Geräteposition wie am Ausstieg (Lastmoment beachten!).
- ☐ Der Bereich um die Hubarbeitsbühne ist frei von Fahrzeugverkehr.
- ☐ Mögliche Quetschgefahren (durch Wippen, Katapulteffekt) werden z. B. durch ausreichende Abstände (mind. 12 cm) zu festen Gegenständen der Umgebung, auch beim Verlassen der Arbeitsbühne, unterbunden.
- ☐ Der Arbeitskorb sollte beim Ausstiegsvorgang fixiert werden, sodass ein Wegpendeln verhindert wird (z.B. mit Hilfe einer von Hand gehaltener Bandschlinge).
- ☐ Vorgehen beim Aus- und Einstieg wurde dem Personal verständlich vermittelt (s. Seite 79).

6. Rettungsmaßnahmen

- ☐ Es ist eine Kommunikation zwischen den Personen am Boden, die ggf. eine Rettung einleiten können und den in der Höhe arbeitenden Personen jederzeit sichergestellt.
- ☐ Ein Rettungskonzept ist vorhanden. Es können z. B. in der Arbeitsbühne geeignete Rettungsgerätschaften mitgeführt werden, um eine Rettung durch eigene Mittel sicherstellen zu können.

7. Sonstige (Für individuelle Eintragungen /betriebliche Begebenheiten etc.)

- ☐ ____________________
- ☐ ____________________

Datum, Ort Unterschrift

Abstützeinrichtung
Abstützeinrichtungen sind Hilfsmittel zur standsicheren Aufstellung der Hubarbeitsbühne durch Abstützen, Unterstützen oder Anheben des Fahrwerks.

Anschlagpunkt
Befestigungsmöglichkeit zum Anbringen einer PSA g. A. (z.B. innerhalb der Arbeitsbühne).

Arbeitsbereich
Als Arbeitsbereich wird der Raum bezeichnet, in dem die Hubarbeitsbühne gemäß ihrer Auslegung unter normalen Bedingungen arbeiten kann.

Arbeitsbühne
Eine Arbeitsbühne ist eine umwehrte Bühne oder ein Korb, der/die unter Last in die erforderliche Arbeitsposition gebracht werden kann. Die Begriffe „Arbeitskorb" und „Arbeitsplattform" werden gleichbedeutend verwendet.

Arbeitshöhe
Als Arbeitshöhe bezeichnet man die Standhöhe einer Person in der Arbeitsbühne zuzüglich einer Höhe von 2 m.

Bestimmungsgemäße Verwendung
Als bestimmungsgemäße Verwendung wird der Einsatz der Hubarbeitsbühne bezeichnet, den der Hersteller für seine Maschine vorgesehen und in der → Betriebsanleitung beschrieben hat.

Betriebsanleitung
Spezifikation des Herstellers einer Hubarbeitsbühne zur → bestimmungsgemäßen Verwendung der Maschine. Der Begriff „Betriebshandbuch" wird gleichbedeutend verwendet.

Betriebsanweisung
Betriebsanweisungen sind Anweisungen des Unternehmers an die Beschäftigten mit dem Ziel, Unfälle und Gesundheitsrisiken zu vermeiden.

Betriebssicherheit
Die Betriebssicherheit von Hubarbeitsbühnen umfasst den arbeitssicheren und verkehrssicheren Zustand der Maschine.

Drehen
Als Drehen bezeichnet man alle Kreisbewegungen der Arbeitsbühne um eine senkrechte Achse.

Fahrbare Hubarbeitsbühne
Eine fahrbare Hubarbeitsbühne besteht aus einer → Arbeitsbühne mit Steuereinrichtung, einer → Hubeinrichtung, einem → Fahrwerk und gegebenenfalls einer → Abstützeinrichtung zur standsicheren Aufstellung der Maschine. Der Begriff „Hubarbeitsbühne“ wird gleichbedeutend verwendet.

Fahren
Als Fahren bezeichnet man alle Bewegungen des → Fahrwerks mit der → Arbeitsbühne außerhalb der → Transportstellung.

Fahrwerk
Als Fahrwerk wird die gezogene, geschobene oder selbstfahrende Basis einer Hubarbeitsbühne bezeichnet. Der Begriff „Untergestell“ wird gleichbedeutend verwendet.

Gefährdungsbeurteilung
Die Gefährdungsbeurteilung ist ein betriebliches Dokument zur Ermittlung und Beurteilung von Gefährdungen am Arbeitsplatz sowie den dazugehörigen Schutzmaßnahmen und Verantwortlichkeiten.

Grundstellung
Als Grundstellung wird die Position der → Arbeitsbühne bezeichnet, in welcher sie betreten werden kann. Die Grundstellung kann mit der Transportstellung identisch sein.

Heben
Als Heben bezeichnet man alle Bewegungen, welche die → Arbeitsbühne in eine größere Höhe bringen.

Hubeinrichtung
Als Hubeinrichtung (auch Hebeeinrichtung) wird die tragende Konstruktion der → Arbeitsbühne bezeichnet, welche am → Fahrwerk der Hubarbeitsbühne befestigt ist.

Kippkante
Als Kippkante wird die Grenze zwischen → Standmoment und → Kippmoment bezeichnet. Um die Kippkante kippt die Hubarbeitsbühne, wenn das Kippmoment größer wird als das Standmoment der Maschine. Der Begriff „Kipplinie“ wird gleichbedeutend verwendet.

Kippmoment
Das Kippmoment wird gebildet von denjenigen Massen der Hubarbeitsbühne, welche das Bestreben haben, die Maschine umzukippen, sowie von den zu hebenden Lasten (Personen, Material, Werkzeug).

Korblastmessung
Die Korblastmessung ist eine Überwachungsvorrichtung für Lasten und Kräfte, die senkrecht auf die → Arbeitsbühne einwirken. Die Korblastmessung wird auch als „Lastmesseinrichtung" bezeichnet.

Lastmomentbegrenzung (LMB)
Die Lastmomentbegrenzung (LMB) ist eine Überwachungseinrichtung für solche Lastmomente, die außerhalb der → Kippkanten wirken und welche die Hubarbeitsbühne zum Kippen bringen könnten. Die LMB wird auch als „Momentmesseinrichtung" bezeichnet.

Nennlast
Als Nennlast wird die Last der Hubarbeitsbühne bezeichnet, für welche die Maschine ausgelegt ist. Die Nennlast setzt sich zusammen aus der Masse von Personen, Werkzeugen und Material. Der Begriff „Tragfähigkeit" wird gleichbedeutend verwendet.

Reichweitendiagramm
Als Reichweitendiagramm einer Hubarbeitsbühne wird die grafische Darstellung des → Arbeitsbereichs der Maschine bezeichnet. Der Begriff „Arbeitsdiagramm" wird gleichbedeutend verwendet.

Schwenkarmbühne
Hubarbeitsbühne, bei der sich die senkrechte Projektion des Lastschwerpunktes bei → bestimmungsgemäßer Verwendung auch außerhalb der Kippkanten befinden kann (Beispiel: Lkw-Hubarbeitsbühne). Der Begriff „Auslegerbühne" wird gleichbedeutend verwendet.

Schwenken
Als Schwenken bezeichnet man alle Kreisbewegungen der → Hubeinrichtung um eine senkrechte Achse.

Selbstfahrende Hubarbeitsbühne
Als selbstfahrende Hubarbeitsbühne werden Maschinen bezeichnet, welche von der → Arbeitsbühne aus verfahrbar sind.

Selbstfahrer
Als Selbstfahrer werden im Sprachgebrauch der Vermieter Hubarbeitsbühnen bezeichnet, welche vom Mieter selbst abgeholt werden können (Beispiel: Lkw-Hubarbeitsbühnen mit einer Arbeitshöhe bis zu 40 m) .

Senken
Als Senken bezeichnet man alle Bewegungen, welche die → Arbeitsbühne in eine geringere Höhe bringen.

Senkrechtlift
Hubarbeitsbühne, bei der sich die senkrechte Projektion des Lastschwerpunktes immer innerhalb der → Kippkanten der Maschine befindet (Beispiel: Scheren-Hubarbeitsbühnen).

Standmoment
Das Standmoment wird gebildet von denjenigen Massen der Hubarbeitsbühne, welche das Bestreben haben, die Maschine auf ihre Aufstandsfläche zu drücken.

Transportstellung
Als Transportstellung wird die Position der → Arbeitsbühne bezeichnet, in der die Hubarbeitsbühne zum Einsatzort gebracht wird (vgl. → Grundstellung).

Versetzfahrt
Als Versetzfahrt wird das Verfahren mit personenbesetzter, angehobener → Arbeitsbühne über eine kurze Wegstrecke (von einer Arbeitsstelle zur anderen) oder das Arbeiten entlang einer Anlage bzw. eines Gebäudes bezeichnet.

Europäisches Recht

89/391/EWG	Arbeitsschutzrahmenrichtlinie
2006/42/EG	Maschinenrichtlinie

Gesetze und Verordnungen

ArbschG	Arbeitsschutzgesetz
ProdSG	Produktsicherheitsgesetz
BetrSichV	Betriebssicherheitsverordnung
BauStellV	Baustellenverordnung
9. ProdSV	Maschinenverordnung
PSA-BV	PSA-Benutzungsverordnung
StVO	Straßenverkehrsordnung
StVZO	Straßenverkehrs-Zulassungs-Ordnung

Unfallverhütungsvorschriften

DGUV Vorschrift 1	Grundsätze der Prävention
DGUV Vorschrift 3	Elektrische Anlagen und Betriebsmittel
DGUV Vorschrift 38	Bauarbeiten
DGUV Vorschrift 70	Fahrzeuge
VSG 4.2	Gartenbau, Obstbau und Parkanlagen
VSG 4.3	Forsten

Regeln, Informationen und Grundsätze der gesetzlichen Unfallversicherung

DGUV Regel 100-500	Kap. 2.10, Betreiben von Hebebühnen
DGUV Regel 112-198	Benutzung von persönlichen Schutzausrüstungen gegen Absturz
DGUV Regel 113-020	Hydraulik-Schlauchleitungen und Hydraulik-Flüssigkeiten – Regeln für den sicheren Einsatz
DGUV Regel 114-018	Waldarbeiten
DGUV Information 208-019	Sicherer Umgang mit fahrbaren Hubarbeitsbühnen
DGUV Information 203-006	Auswahl und Betrieb elektrischer Anlagen und Betriebsmittel auf Bau- und Montagestellen
DGUV Information 203-033	Ausästarbeiten in der Nähe elektrischer Freileitungen
DGUV Information 203-047	Schutz gegen Absturz beim Bau und Betrieb von Freileitungen
DGUV Information 211-006	Sicherheit und Gesundheitsschutz durch Koordinieren
DGUV Information 211-010	Sicherheit durch Betriebsanweisungen
DGUV Information 211-041	Sicherheits- und Gesundheitsschutzkennzeichnung
DGUV Information 214-050	Arbeitsschutz beim Straßenunterhaltungsdienst – Ein Tag beim Sommerdienst
DGUV Information 214-072	Arbeiten im Bereich von Oberleitungsanlagen
DGUV Information 250-010	Eignungsuntersuchungen in der betrieblichen Praxis

DGUV Grundsatz 308-008	Ausbildung und Beauftragung der Bediener von Hubarbeitsbühnen
DGUV Grundsatz 308-002	Prüfung von Hebebühnen
DGUV Grundsatz 308-003	Prüfbuch für Hebebühnen

Technische Regeln

DIN 1054	Baugrund – Sicherheitsnachweise im Erd- und Grundbau
DIN 4124	Baugruben und Gräben; Böschungen, Verbau, Arbeitsraumbreiten
DIN EN 280 – 1 (Teil 1)	Fahrbare Hubarbeitsbühnen – Berechnung, Standsicherheit, Bau, Sicherheit Prüfungen
DIN EN 349	Sicherheit von Maschinen – Mindestabstände zur Vermeidung des Quetschens von Körperteilen
DIN EN 354	Persönliche Schutzausrüstung gegen Absturz – Verbindungsmittel
DIN EN 361	Persönliche Schutzausrüstung gegen Absturz – Auffanggurte
DIN EN 20471	Hochsichtbare Warnkleidung – Prüfverfahren und Anforderungen
DIN EN 60204 Teil 1	Elektrische Ausrüstung von Maschinen – Allgemeine Anforderungen
DIN EN 61057	Arbeiten unter Spannung - Isolierende Hubarbeitsbühnen für die Montage auf einem Fahrgestell
DIN VDE 0682-742	Hubarbeitsbühnen zum Arbeiten an unter Spannung stehenden Teilen bis AC 1000 V und DC 1500 V
ISO 18878	Fahrbare Hebebühnen; Bediener- (Fahrer-) Training
TRBS 1111	Gefährdungsbeurteilung
TRBS 1203	Zur Prüfung befähigte Personen
TRBS 2111	Mechanische Gefährdungen – Allgemeine Anforderungen
TRBS 2111 Teil 1	Maßnahmen zum Schutz vor Gefährdungen beim Verwenden von mobilen Arbeitsmitteln
TRBS 2121	Gefährdungen von Personen durch Absturz – Allgemeine Anforderungen
VDI 2700	Ladungssicherung auf Straßenfahrzeugen
RSA 2021	Richtlinie für die verkehrsrechtliche Sicherung von Arbeitsstellen an Straße

Bildnachweis:

Der Verlag dankt folgenden Firmen / Personen für die freundliche Bereitstellung des Bildmaterials (in alphabetischer Reihenfolge):
Manitou Deutschland GmbH, D-61381 Friedrichsdorf: Abb. 6.5
Teupen Maschinenbaugesellschaft mbH, D-48599 Gronau: Abb. 6.10
tokamuwi / PIXELIO: Abb. 3.1

Die Autoren danken in gleicher Weise:
Dr. med. Brüggemann, D-28215 Bremen: Abb. 4.3

Fotos / Abbildungen von Armin Deuchert:
Abb. 1.1, 6.3, 6.7, 6.9, 7.15, 8.2, 8.15, 8.19, 10.10

Fotos / Abbildungen von Markus Tischendorf:
Abb. 1.2, 1.3, 2.1, 3.2, 6.1, 6.2, 6.4, 6.6, 6.8, 6.11, 6,12, 7.1-7.5, 7.7-7.14, 7.16-7.27, 8.1, 8.4, 8.5, 8.7, 8.9, 8.11 a+b, 8.13, 8,14, 8.17, 8.18, 8.20-8.25, 9.1-9.3, 9.5.-9.13, 9.15, 9.16, 10.11, 11.1